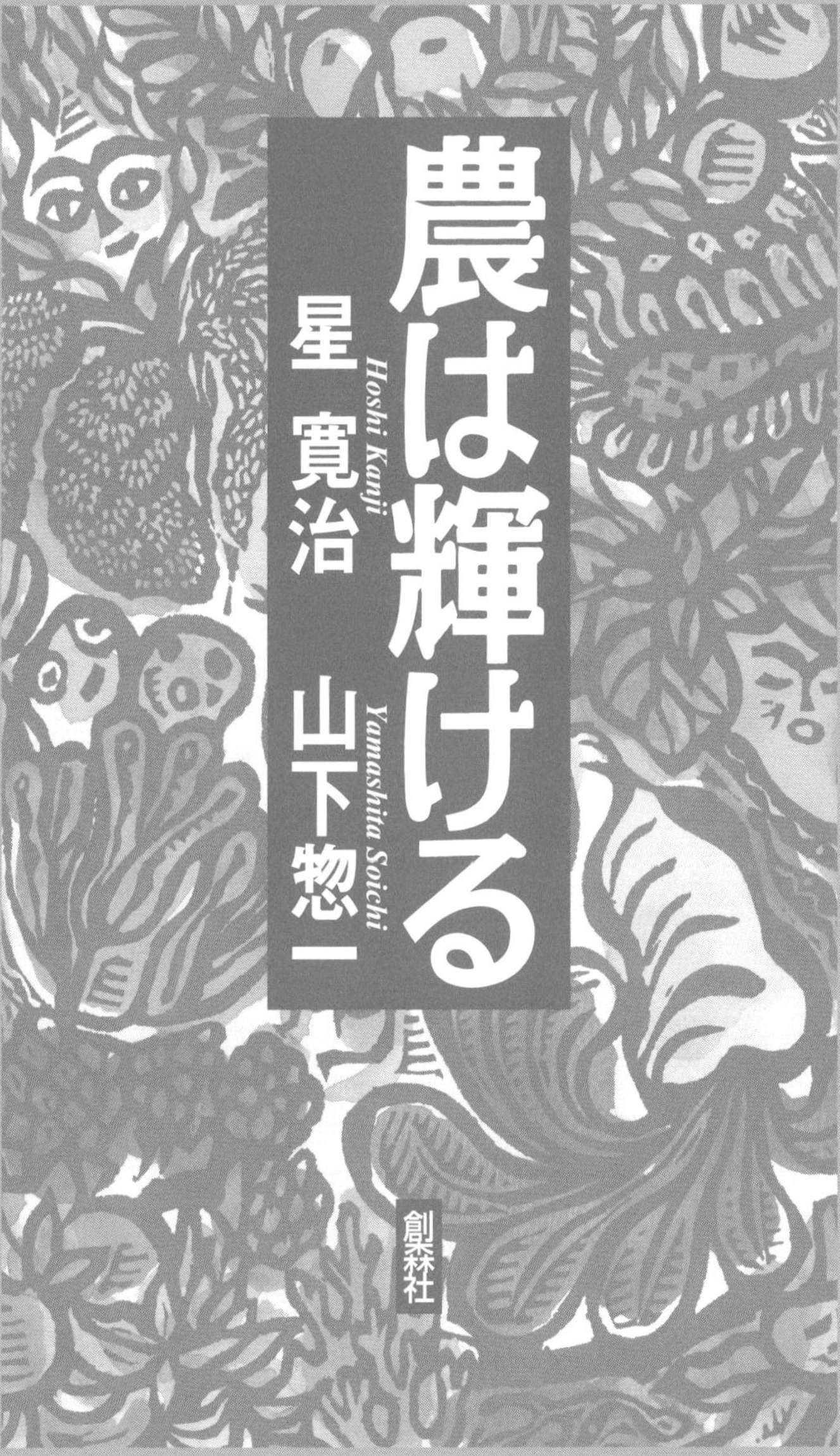

農は輝ける

星 寛治
Hoshi Kanji

山下惣一
Yamashita Soichi

創森社

まえがき

山下惣一

この本は新潟県総合生協の高橋孝さんの突然の電話から生まれた。

「昔、星寛治さんとの往復書簡集で『北の農民 南の農民』という題の本を出版されましたよね。あれから今年でちょうど30年になります」

私は驚き、かつ呆れた。他人の本のことをよくもまあ覚えているものだ。私はすっかり忘れていた。しかし嬉しかった。こういう人がいてくれるんだ。胸が熱くなった。

「そこでお二人にあれから30年の対談をやってもらいたいんです」

私は喜んで快諾し、30年ぶりに昔の本を読み返してみた。出版社はすでにないが1981年12月10日に初版が出ている。持ち込まれた企画で、星さんと私の10通の手紙で構成されている本だ。共に40歳代の半ば、働き盛りの貧乏盛り。オイルショックを経て国際化が叫ばれている時代だった。本の「まえがき」で私はこう書いている。

「それにしても、農業で生きることの、農業の展望を描くことの何と困難で絶望的なことだろう。考えれば考えるほどわからなくなるというのが百姓歴30年のぼくの到達点とはわれながら情けない」

あれから30年ということは、合計すると星さんも私も百姓歴60年、ともに70歳代の後半に達している。

2011年3月5日。新潟県の阿賀野川の上流の笹神（阿賀野市）で対談は行われた。有機農業と生協との提携で有名だそうだが、農産物での生協との付き合いがない私にとっては初めて訪ねる山裾の村だった。ここのリーダーの石塚美津夫さん（NPO法人食農ネットささかみ理事長）が名司会役、というより3人の「鼎談」のようなかたちで話は進んだ。当初の計画ではそれで終わりの筈だったが、6日後にあの「3・11」が起き、これまでの価値体系が瓦解するかのような大衝撃が日本人に襲いかかった。それを受けて翌年再びやることになり、その2回分をまとめたのが本書である。

星さんとの付き合いは古くて長い。盟友であり同志である、と私は信じている。同世代の北と南の百姓ということで対比され、討論や講演でご一緒することも多い。星さんはロマンチスト、一方の私はリアリストと評される。

星さんの講演で会場に笑いが起きることはまずない。しかし「感動しました」という人が必ずいる。私の場合はよく笑うが、しかし未だかつて「感動しました」といった人は

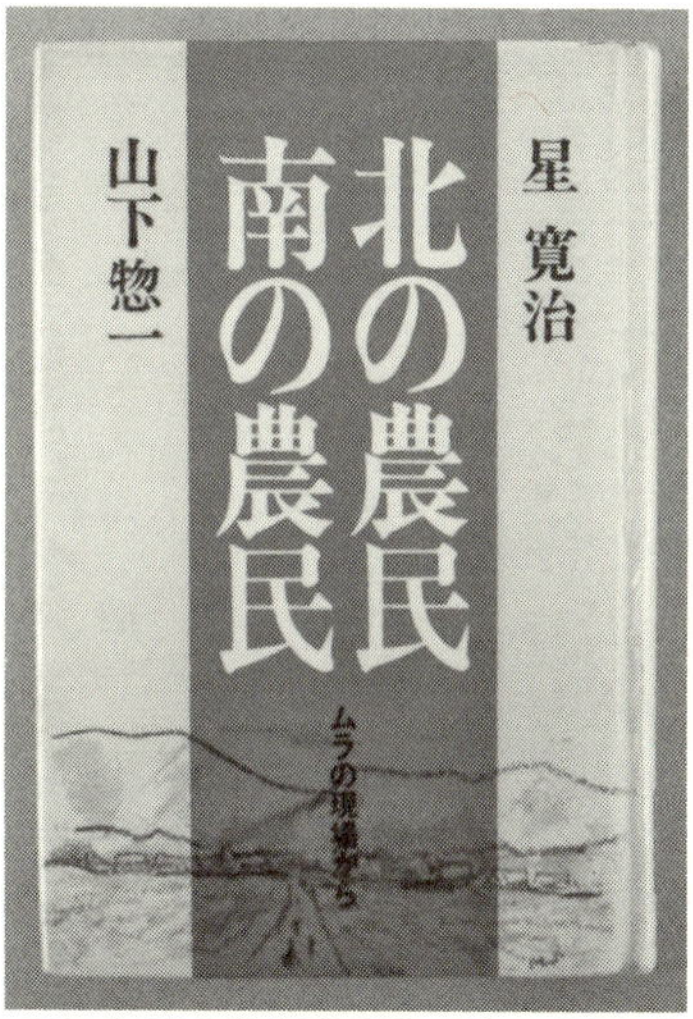

1981年刊の往復書簡集『北の農民 南の農民〜ムラの現場から〜』星寛治・山下惣一著（現代評論社）。当時の農業・農村をめぐる実情と心情が率直に綴られている

たったの一人もいない。星さんは人を感動させられる人、私はただ笑わせるだけの人。それで一枚のコインだというのが私の考えである。星さんはコインの表、私は裏、表と裏があってこそ一枚になり、一つの真実に迫れる。だから星さんと組むと私はいつも損をする。聖人君子に対しての悪役、憎まれ役、斬られ役である。だけどそれが私は愉しい。星さんと私が目指す方向、山の頂上は同じだからである。

さて、星さんと私の共通体験が一つだけある。今風にいえば星さんは小学4年生、私は3年生で敗戦を経験したことだ。世の中がひっくり返った。天と地がひっくり返ったのだ。そのありさまを子どもの眼で見て育った。それゆえ国家や世間に対して払拭できない不信感を引きずって生きている。自分を信じるしかない。だから発言するのだ。

私がモノを書くきっかけとなったのは、山形県上山《かみのやま》市の山村の小さな中学校の生徒たちが書いた作文集「山びこ学校」だった。文部大臣賞を受賞した江口江一少年の「母の死とその後」を、玄界灘の潮騒を聞きながら中学校の図書室で読んだときの衝撃は今も忘れられない。

概要はこうだ。江一少年はわが家が貧しい農家なのはなぜかと考える。そして農地が少ないからだという結論に至る。だからうんと働いて田畑を買い集めて大きな農家になろうと思う。しかし、そうすると別の誰かの農地が少なくなって、わが家と同じ貧しい農家をつくり出すことになるのではないか。そう思って悩み苦しむという話だったと記憶している。私にとってはこの作文が百姓としての、いや人間としての出発点、原点となった。

2012年秋、当時、山びこ学校の級長だった佐藤藤三郎さん（農業のかたわら著述活動を続ける）に聞いてみた。「貧しいという自覚は外部から植え付けられたものではないのか」「いや、それは違う」。藤三郎さんはきっぱり否定して、「オレたちにはその自覚はあったな」という。彼の集落は、山の北斜面で地名が「狸森《むじなもり》」というが、「こんな村にも山林地主が何人かいて、それに比べると百姓は貧しかった」。

星さんは佐藤藤三郎さんや農民詩人の木村迪夫《みちお》さん（上山市）と同年であり、共に詩人の真壁仁（山形市）主宰の山形農民文学懇話会誌「地下水」の同人でもあった。

「経済は損得の問題だが、農業・食料は生死にかかわる問題」と山下さん

私たちは北と南で青年団活動に青春の情熱を燃焼させることになるが、南の私たちのスローガンは「1人の100歩より10人の10歩、10人の10歩より100人の1歩」だった。これが私たちの正義だった。しかし世の中は思うように動かず、むしろ逆方向で、私たちは生涯逆風の中で悪戦苦闘してきた思いが強い。その結果が農山漁村の現実であり、都市生活者の置かれている状況である。

そして2011年3月11日。「3・11」が起きた。その惨状をテレビの画面で観ながら私が打ちのめされたのは、自然界の力に対して人間の小ささ弱さであり、がれきと呼ばれるものの正体が物質文明そのものだということだった。このようながれきを生産し消費するために人々は日々働いているのかという虚しさだった。

「これで日本は変わる」と多くの人がいった。たくさんの人がそれを願った。そして動いた。

しかし「3・11」から2年目を迎えたこの国の現実はどうだろう。まるで「3・11」以前に逆戻りしたかのようだ。何事もなかったかのように原発再稼動、輸出が画策され、憲法改正、核武装、徴兵制、国防軍などのキナ臭い文言が飛び交い、私たちの世代の者には「いつか来た道」への予感と不安さえ感じさせる。

本書の中でも大きなテーマとなった「TPP（環太平洋連携協定）」も正念場だ。これは国家主権を多国籍企業に明け渡し、国民生活を餌食《えじき》として差し出す売国協定である。たしかに一方にはTPPによってより有利に海外進出して稼ぐ企業も出るだろう。しかし日本に残った、残された国民はどうなるのか。とりわけ農業は究極の国内産業であり、地場産業なのだ。

また再び新自由主義、構造改革路線との闘いとなるが、唯一の希望は、今を生きている私たち日本人の意識はけっして「3・11」以前には戻らないということだろう。経済は損得の問題だが、農業・食料は生死にかかわる問題である。カオス（混沌）の向こうに人々の暮らしと農が輝く時代を夢見て、生涯現役と公言していることもあり老骨にムチ打ちながらもう少し頑張ってみるつもりだ。

2013年　春

農は輝ける

もくじ

第2部 生き方としての農

第１部

農の営みへの試練

一帯は有機栽培田（山形県高畠町）

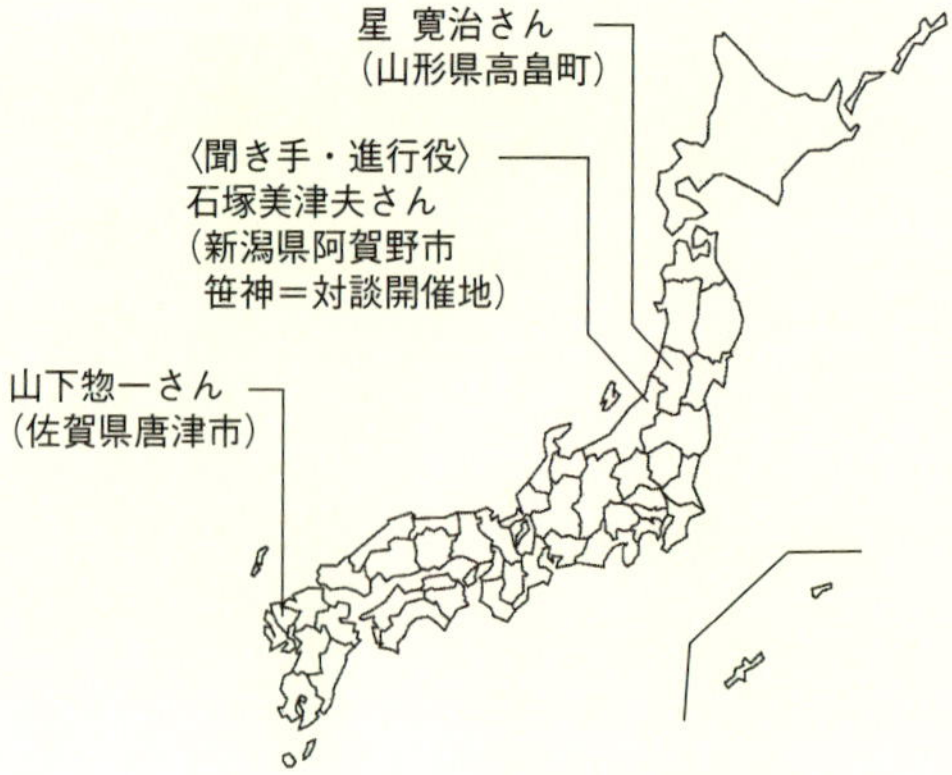

●第１部＝対談開催日
2011年３月５日

戦後農村の変貌をめぐって

ふたたび北の農民、南の農民として

石塚　皆さん、こんにちは。本日はお忙しい中、「北の農民 南の農民～ムラの現場から～」と題する集まりに、新潟県内外から多数お集まりいただきまして、本当にありがとうございました。私は、地元の笹神地域（新潟県阿賀野市）で37年間、ささかみ農協の営農指導員をやってきた人間でして、３年ちょっと前（２００８年）の55歳に早期退職し、現在、地元で有機農業をやっている石塚美津夫と申します。聞き手、進行役を務めさせていただきます。よろしくお願いします。本当に短い時間ですが、今日はざっくばらんに進めていきたいと思います。

皆さんの中にすでにご承知の方もいると思いますが、この本をご存じですか。読まれた方は手を挙げていただけますか（20名ほど、挙手）。ありがとうございます。これは、ちょうど30年前に、『北の農民　南の農民』（現代評論社）という書名で、山形県の星寛治さんと佐賀県の山下惣一さん、お二方が昭和55年（１９８０年）３月から約1年ちょっとの間、手紙のやりとり、書簡のやりとりをなされた本です。

私もつい最近、読み返してみたのですけれども、今でも農業環境が非常に当てはまる内容の本です。お二人の手紙のやりとりが非常に感性豊かで、斬新な考え方がこの本に書かれてあります。今でも、多くの皆さんから読んでほしいのですが、残念ながら、絶版になっております。

北の農民、南の農民として、二人による30年ぶりの丁々発止!?

今回の対談は、お二人にかなり無理をお願いしまして、本日、実現できました。今日は、ざっくばらんに進めていきたいと思います。

途中、休憩を入れまして、最後はＴＰＰ（環太平洋連携協定）問題、シナリオはないのですけれども、昔から振り返って現在の農業を語っていただいて、休憩後にはＴＰＰ問題を集中的にお話し願いたいと考えております。ついては、最後のほうで会場の皆さん方からも忌憚のないご意見、ご質問等をいただいて、和気あいあいの中で進めていきたいと考えています。

それでは、北の農民の星寛治さんのほうから、この本の思いなども若干織り混ぜていただいて、自己紹介をお願いしたいと思います。

星　皆さん、こんにちは。今、ご紹介いただきました、山形県の高畠町というところに住んでおります、星寛治と申します。30年たつと、人間はそれぞれ変わってしまいますけれども、チラシに使ってくださった私の写真も十数年前のものですから、違う人間が登場したのではないかと思われるかもしれませんが、そういう意味では申し訳ありません。

「現役の百姓として、農を生きがいにしている」と挨拶する星寛治さん

山形はここ3日ばかりの間、大変な冬の戻りでありまして、昨日などは猛吹雪にな

りました。今日は、司会・進行を務めていただく石塚さんに朝早く、隣の南陽市というところまでお出迎えをいただいて、10時ちょっと過ぎにたどり着いたところであります。午前中は石塚さんのご自身の実践と消費者の方々との提携などで有名なささかみ農協の、非常にダイナミックなすばらしい実践というものをつぶさに、施設なども含めて拝見させていただいて、いたく感激をしてこの会場に参ったところであります。

この年になっても、私は未だ現役の百姓でありまして、後期高齢者の仲間入りでありますけれども、それでも老いたる妻と一緒に農を生きがいとして汗を流しております。

今日は、こういうテーマで、今私たちが直面している現状といいますか、農業と地域社会を取り巻く環境の激変というものに、どう立ち向かったらいいかを皆さんと一緒に考えてまいりたいと思って、大変喜んで参上したところであります。

実は、私も、久しぶりにその本を読み返してみました。当時、本が出た後、地元の青年たちも大分読んでくれたのですが、7対3で山下さんに負けているね、と言われておりました（笑）。いやはや、とりわけ北の若者たちには私のほうが分が悪いな、とその当時から思われていたのです。読み返してみると、またなるほどと。その当時の若者の指摘というものは間違っていなかったと思うのです。

今、石塚さんからおっしゃっていただいたように、現代の農業・農村を取り巻く状況と、30年前の状況というのは意外に似ているといいますか、酷似しているようなところがあります。

ですから、当時を振り返って今を考えるという意味では、一つの手がかりにはなるのではないかと思いました。読み返してみて、私自身はおもしろかったのですが、大分ストレスがかかりました。山下さんに至るところでめった打ちにされて、若干まいったなという思いがありました。でも、30年たって、そういったことを振り返る機会を与えていただいた、ということを大変ありがたく思っております。今日は、改めてまた対談の中で切り込んでみたいと思って楽しみにして参上いたしました。どうぞよろしくお願いいたします。

石塚　ありがとうございました。続きまして山下惣一さん、お願いします。

山下　こんにちは、山下惣一です。今、おわかりのように、星さんは非常に礼儀正しい方なので、立って話されるわけです。私は立たないでやります。

三つほど質問をさせてください。私は、昭和11年（1936年）、星さんは一つ上で今年誕生日が来たら76歳、私が75歳になって、後期高齢者になるわけです。私たちと同い年か年上という方は、すみませんが手を挙げてください。――結構いますね。ありがとうございました。それから、農家でないという方は、どれくらいいらっしゃいますか。――ありがとうございました。地元笹神の方はどれくらいいらっしゃいますか。――わかりました。どうもありがとうございました。

私は、佐賀県の唐津というところですけれども、どの辺かわかりますか（数名の挙手）。――ありがとうございます。新潟県はレベルが高いと思います。佐賀県そのものが有名ではないものですから。佐賀県には海が二つありまして、南のほうが今、もめています諫早湾《いさはやわん》干拓の有明海で、私は北の玄界灘に面した村で百姓をやっています。雪はほとんど降りません。海辺ですから、風が強くて、韓国まで直線距離で200㎞です。北風が吹くと韓国人の話し声が聞こえてきます（笑）。

昔、豊臣秀吉が朝鮮出兵の拠点にした名護屋城という城跡がありますけれども、私のところから6㎞くらいでしょうか。すぐそばに九州電力玄海原子力発電所がありまして、わが家は10㎞圏内です。

海のそばに人家が集まって、背後が農地で、上が標高60ｍくらいの台地がずっと玄界灘に突出していまして、上が畑で、斜面が田んぼという地形です。ですから、私のところは300戸くらいの大集落ですけれども、その中で120戸が農家で、平均しますと1戸当たり耕作面積は、田んぼが8反、畑が5反、田んぼの8割は段々の棚田という地形です。ですから、山下さんはどこで百姓をしていますかというくらい、下から見たら棚田よそから来たら、あぜの草が伸びているわけじゃないですか。下からぼうっと草ばかり見えるわけです。そういうところでやっています。

「玄界灘に面し、上が畑、斜面が田んぼという地形で百姓をやっている」と山下さん

九州は雪が降らないものですから、一年じゅう忙しいのです。だから、もうすでに農繁期でして、3月15日くらいになったらタバコの植え付けが畑で始まります。イチゴ農家さんは昨年の11月から収穫して、出荷して、収穫して、出荷してということばかりやっていまして、本当に休む時間がないです。

だから、皆さん方、雪があるから時間的

には非常に余裕があって、このようなところによく集まってくるなと思っています。うちのほうならだれも来ないです（笑）。

この本『北の農民 南の農民』は、出版社から話が来て、星さんとの往復書簡集というかたちでやったのですが、私は、星さんとやるといつも悪役です。星さんはこのように弱いふりをするわけです。負けたふりすると、日本人の心情として弱いほうに味方するのです。負けるが勝ちです。この人、けっこうずるい人ですよ。だから、別に悪意はないのですけれども、30年来の仲間、同志であります。結局、私と星さんの言っていることは同じだと思っています。星さんが表を言って、私が裏を言っている。だから、両方合わせて一つの真実だと考えております。今日は、どうぞおてやわらかに。

昭和30年代の時代背景と農村

石塚　なんともユーモアな自己紹介、ありがとうございました。

それでは、これから物事を進めるにあたって、村の現場の時代背景について、まず語っていただきたいと思います。少しさかのぼってお話をお聞きして、現在まで来たいと考えております。まず、最初に昭和30年代の時代背景を思い出してみましょう。できましたら、皆さん、１分間目を閉じて、昭和30年代前半の自分がどういうことをしていたかということを思い出してください。若い人は無理でしょうね。生まれていない人は無理だと思いますけれども。

私は間違いなく野山を駆けめぐっておりました。テレビがちょうど入ったころで、少し豊かな家にテレビを見せてくださいと、いったころでしょうか。そのテレビは、赤胴鈴之助、月光仮面、少年ジェット、快傑ハリマオ、恐怖のミイラなどを私は思い出してしまいます。

では、目を開けてください。以前、「ＡＬＷＡＹＳ　三丁目の夕日」という映画が話題になりましたが、昭和33年（１９５８年）のころの時代背景を描いた映画だったと思います。農業は、ちょうど近代化とか、合理化という波が入ってきた時代です。中ごろになりますと、池田勇人の「所得倍増計画」というのが出まして、当時は国民の平均の年間に食べるお米の量は、たしか１１８kg。ちょうど今の倍だったと思うのです。おそらく昭和33年とか、昭和34年のころの時代というのは、山下さんに、こういったことを言っていいのでしょうか、２回目の家出をなされたというように書いてあるくだりがありました。そういったことを含めて、お二方から、ちょうど就農した時代の背景とか、思い入れのあることだとか、村の現場なども含めて、昔はこうだったということをお話しいただければありがたいです。では山下さんのほうから。

かつての歌に見る都市と農村の構図

山下　先ほど、私よりも年上の人に手を挙げてもらった理由は、あの時代を一緒に生きた人はどれくらいいるかと思って。私は、この本の中にも書いていますけれども、昭和30年代というのは、地方から都市へ、農業から他産業へ人がどんどん動いていく時代。いわば都会の時代です。みんな都会にあこがれて、東京へあこがれてという時代だったわけです。それを当時流行った流行歌でたどっていくということを少し書いていますけれども、それを講演でやるとよく受けました。

少しやってみましょうか。あとで生まれた人は全然わからないのかもしれないけれども、昭和28年（1953年）に「東京へ行こうよ」という歌がずばりそのもので出ています。だれが歌ったか知りませんがヒットしなかったです。少し早かったのでしょうか。最後に「夜汽車で行こう」いうフレーズがあるのですけれども。戦争が終わって、田舎にたくさんの人が集まっていて、昭和25年から朝鮮戦争が始まって、特需ブームで、都会で経済復興が始まって、そこへ向かって田舎から人がたくさん出かけていくという、ちょうどそういう時代でした。ですから、昭和30年代の歌というのは、都会には、とりわけ東京には赤い灯《ひ》、青い灯が輝いて、夢も希望もいっぱいあると。対する田舎には何もないという歌ばかりです。

当時、春日八郎の「別れの一本杉」という歌が昭和30年に出るのですけれども、あれは〝泣けた泣けた こらえきれずに泣けたっけ〟と、知っている人は手を挙げてみて。――結構知っているじゃないですか。別れの一本杉はいかにも田舎にありそうな、一本杉のある峠で、好きな彼女と別れて、村の青年が都会へ行くわけです。村に彼女を残して出て行く農家の次三男の歌なのです。だから、我々の心情を歌っているのです。

同じころ三橋美智也が「おんな船頭唄」でデビューするのですけれども、三橋美智也のふるさと歌謡は都会へ行った男を田舎で偲ぶ歌ばかりです。昭和31年「リンゴ村から」もそうでしょう。リンゴを送るたびに思い出すとか、そういう歌ばかりなのです。田舎に残った男はどうしたかというと、藤島桓夫《たけお》の「お月さん今晩は」という歌があるじゃないですか。〝こんな淋しい田舎の村で 若い心を燃やしてきたに〟といった歌ですよね。〝リンゴ畑のお月さん今晩は〟と。そういう歌ばかりなのだから村が好きになるわけないじゃないですか。みんな都会にあこがれますよね。

では、東京はどうかと言ったら、フランク永井の「有楽町で逢いましょう」です。〝ビルのほとりのティールーム〟というのがあって、当時はティールームってなんだろうと全然わからなかった。喫茶店のことです。昭和33年「西銀座駅前」とか、裕次郎が出てきたり「東京ナイト・クラブ」といった歌ばかり流行ったのです。

田舎から出て行った女の子たちは何をやっているかというと「東京のバスガール」です。〝若い希望も恋もある〟という歌詞です。田舎はどうかというと守屋浩の「僕は泣いちっち」です。嫁飢饉です。〝僕の恋人東京へ行っちっち〟で、最後は〝僕も行こう あの娘の住んでる東京へ〟となり、みんな行ってしまう。昭和40年代になると、じいちゃん、ばあちゃん、母ちゃんの「三ちゃん農業」という言葉が出てくる。まさにそういう時代ですね。

私の講演会になってしまいますけれども、昭和33年に東京タワーが完成するのです。その年に長嶋茂雄が巨人軍に入る。12月に正田美智子さんが皇太子妃に決まる。テレビが売れる。だから、昭和33年が国としての日本の青春。非常に象徴的な時代ではなかったかな、と思います。星さんもそうだけれども、私たちは百姓がいやで、村がいやで、私は2

回家出して、２回とも捕まって連れ戻されて、それから仕方なく希望に燃えて農業をやってきました（笑）。

石塚　続きまして、星さん、お願いします。

農業近代化の光と陰

星　私が百姓になったのは昭和29年（１９５４年）であります。まだ、ほとんど人力とか、牛馬耕の時代だったのです。ようやく小型の耕うん機が入ってきて、親父は耕うん機を買ってあげるから、なんとか百姓をやってくれと説得したものでした。今、若い息子に乗用車を買ってやるから地元に残ってがんばってくれというような感じで、はしりの耕うん機を買ってくれたというところからスタートしたわけです。

でも、まだまだその程度だったのです。村は依然として閉ざされた世界みたいなものだったのです。古くて、貧しくて、閉鎖的でというイメージだったものですから、なんとかして、もう少し開かれた地域にしなくてはいけないなということが、１年くらいたってからようやく気づき始めたといいますか。いつまでもふてくされていられないということで、若い仲間たちと一緒になって読書会のサークルを立ち上げたり、その次は青年団活動にのめり込んでいきました。ですから、まだ体にちゃんと焼きも入っていないのに、ほとんどまだ重労働から抜け出せないような農作業をやりながら、そういう活動にかけずり回っているものですから、若いころから何回も体を壊して入退院を繰り返してきた人間であります。

さまざまな農機が導入され、農業の機械化へ。機械への過剰投資で「機械化貧乏」に陥るところも

しかし、農業の機械化というのは急激に普及していきました。数年たつとトラクターとか、中型、大型の農業機械がどんどん入ってくる。大型化に合わせて圃場《ほじょう》の基盤整備が展開される時代になりました。

もちろん、新しい農業基本法が昭和36年（1961年）に制定されまして、それが高度経済成長の幕開けと重なったかたちで、いわば農業版の経済成長を目指したわけです。農業構造改善事業がうなりを上げて全国津々浦々で展開されていきました。あっという間に農村は変わりました。当時の変わりようを農村革命という言葉で表現した評論家がおりましたが、日本の農業・農村の歴史の中でも最も集中的に農民のエネルギーが発揮され、国や地方自治体も一体となって改革を推し進めようとした、変革の時代だったのです。

そういう中で、私たちも、いつまでも青年運動にかけずり回ってはおられないような状況になってきて、やっと数年たって本来の百姓として、これから出発しなければいけないと思いました。時代背景がそういう近代化まっしぐらの時代でしたので、私も村に土着する人間として、近代化の先兵たらんとして新しい技術の習得に取り組んだり、あるいはブドウの一大産地だったものですから、共同防除組合とか、果樹研究会などで産地づくりへの役割を果たしてきました。

伝統的な日本農業のかたちは、いくつかの部門を組み合わせて、家族経営で家畜も飼いながら複合的な農業を営んできたのですが、近代化というのはそれを打ち壊していって、単作を推進し、例えば米の産地であれば、米一本に絞って規模拡大をして、経営の合理化をはかっていくということが、主産地形成のやり方でありました。私の地域は、ブドウの産地でしたので、ブドウに特化して規模拡大をするということです。あるいは畜産にしても、2、3頭くらいの農家畜産というのではなくて、できる限り多頭飼育をしていく。牛とか、豚とか、鶏などもどんどん工業的な多頭飼育の方法へというように思い切って変わっていきました。

まさに疾風怒濤の時代だったわけです。それにもみくちゃにされながら、なんとか激流を乗り切っていかなければいけないと、必死になって取り組んできた時代でした。その後の近代化の成果というのはめざましいかたちで生産性の向上を促し、また、所得もある程度まで伸びたわけですけれども、しかし謳い文句としての他産業並みの収入を得て、文化的な暮らしをするという農業基本法の精神というのは、そんなにやすやすと実現されたわけではありません。

見かけは、一気に近代化が進んでいったのですが、実態は非常にアンバランスなところがありまして、機械などに過剰投資をするものですから、いわゆる機械化貧乏に陥り、とても収支の採算が合わないで出稼ぎ、兼業へとなだれを打って出ていくというような時代を迎えるわけです。

池田勇人の高度成長政策というものは、東京オリンピックなどでの都市改造と一体化しながら、我々の想像を超える速さと激しさで進んでいったのです。とりわけ東北の農民はなだれを打つようにして東京に出稼ぎに行きました。出稼ぎ全盛の時代と言ってもいいわけです。そうした中で、さまざまなひずみというか、近代化の光の部分と陰の部分というものが10年、15年と経過するうちにはっきりしたかたちに現れてきたのです。

「農業の近代化」「生産性向上」のかけ声とともに経営の合理化を推進

それまでの有畜複合経営から単作化を推進し、規模拡大をして主産地形成を目指す時代に突入

農業近代化の果てに

米の自給達成と生産調整

石塚　昭和30年代からまず10年飛びましょう。昭和45年（1970年）、いよいよ米の生産調整が始まりました。ちょうど自給バランスが崩れた年です。増産と叫んでいた国の政策で、秋田県の八郎潟が干拓、地元では福島潟が干拓、約10年かかって、昭和45年、46年に完成したのですけれども、ちょうどこのころに生産調整が始まりまして、超過米、闇米という言葉もこのころ出た言葉です。

　私どものささかみ農協のあるこの地域というのは、すごく農民運動が盛んな地なのです。ちょうど生産調整が始まったころに私は農協に入りまして、今、思い出しますと、私が農協へ入って昭和46年から47年の1年半くらいの間に、うちの農協組合長が4人も替わったのです。2番目の組合長さんが替わったのが、なんと食糧管理法違反で警察にお縄になって、その後にまた組合長が立てられたという。1年間で4人も替わったという、とんでもないところに私は就職したなと、実は18歳のころ思ったのです。それでも、そこに出会いというものがありまして、私に人生哲学、農業哲学をどっぷり教えてくださった方（当時の農協組合長の五十嵐寛蔵さん）との出会いがありました。

それはさておいて、生産調整が始まったころのお二方の地域の村の背景とか、考え方のコメントをいただきたいと思います。では、星さんから。

星　近代化というのは、いわば機械化、科学化、省力化ということに象徴されると思います。私は機械化のことで申し上げましたが、同時に化学肥料、農薬、除草剤という近代兵器が登場して、これが目を見張るような効果を上げてきたのです。もちろん手で取っていた田の草取りも除草剤で済ませることができるようになり、思い切って人手を省けるようになりました。そういう効果に目を奪われているうちに、さまざまなマイナスの面が出てきたのです。特に病虫害の防除には、当時、水銀系とか、あるいは塩素系の農薬がふんだんに使われておりましたから、直接的に健康被害が続出するという問題が周辺で起こってきたわけです。私自身もひ弱な体質でしたから、実のところ随分ダメージを受けていたと思います。

なかでも、除草剤の効果というのはめざましいものがあったのですが、一方で強い魚毒性があって、それまで群れをなしていたドジョウとか、フナとか、メダカは一切いなくなりました。あるいは、池のコイにまで水が流れ込んできて全滅するということが起こってきたわけです。かつての農村は、どこへ行っても、いろいろな生き物が群れをなしていたのですけれども、気づいてみたときには〝沈黙の春〟と言われるような状態になっていたわけです。つまり、人間の健康や環境そのものに大変なダメージを与えているということに気づくようになりました。

当時、日本列島は工業化が急に進んで、公害列島と言われるような状態を呈していったのですが、一方で農業の近代化というのは、工業の側で生産した生産資材によって展開される事態になっていたわけですから、工業のはき出す公害というのは、農村に、つまり農地とか、自然環境の中にそのまま広がってくるという、そういう状況にいつの間にかなっていたわけです。

特に米についていえば、日本の民族というのは、主食の米というものを非常に大事にしながら、農業を営み、しかし一方でたらふくご飯が食べられないという、そういう時代をずっと過ごしてきたわけです。それが、近代化によって、あるいは開田ブームなどが相まって、ついに民族的な悲願だった米の１００％自給を達成したのです。その勢いが止まらないで、米も成長作物というように言われておりましたので、農民の意欲というものはものすごいものでした。食管制度によって、しっかりと価格が支えられておりましたから、多くとれればそのまま収入が多くなるという関係にあったわけです。ですから、農家の生産力というものは大変なものでした。

石塚さんも言われた山形県の川西町に米づくりの３人の神様といわれる寒河江《さがえ》欣一、片倉権次郎、大木善吉さんがおりまして、そこに〝川西詣で〟という言葉があったりするほど。特に東日本各地から川西町へと、多収穫を目指す農民たちが、大勢米づくりの名人のところに通った時代がありました。

そうした努力と生産意欲というものが、一気に１００％自給から米の過剰という、いわば米が余るという事態をもたらすということになったわけです。かなりな国家予算をその処理につぎ込まなければいけないということになって、予想もしなかったような減反という政策が、まるで青天の霹靂《へきれき》のように上から降ってきました。それが昭和45年、46年あたりの日本の農政の一大転換期、節目になったと思っています。

ＭＳＡ協定によるパン食促進

石塚　そうですね。川西町の片倉権次郎さん、大木善吉さんのところへは、しょっちゅう行っていました。ところで、山下さんは『減反神社』（家の光協会）という本を書かれていますよね。ちょうど生産調整が始まった思いをユニークにおっしゃっていたのですけれども、その辺のくだりといいますか、考え方を少しご紹介いただけますか。

山下　今、星さんの話を聞いていて、思い出しました。米が余ったから減反だ、と思っている人が多いのですが、日本人の米の消費量が一番多かったのは１１８kgで、昭和37年（１９６２年）です。やっと食えるようになったということが一つあります。俺たちは、百姓で米の飯など食ったことなかったです。わが家は昭和38年から米の飯になりました。それまで麦もつくっていました。

昭和29年（１９５４年）にアメリカとのＭＳＡ協定という有名な協定があります。そもそもＭＳＡ法（相互安全保障法）は軍事援助のための法律で、アメリカが援助をするかわりに被援助国が軍事力を増強することを義務づけている。ところが、日本は金がない、食料も十分ではない、だから、アメリカの脱脂粉乳と小麦粉を与える。その金は返さないでいいから、それを軍備に使えという。これがMSA協定です。それで学校給食にコッペパンと脱脂粉乳が入ってくる。今の日本の高年層、もちろん農家のオヤジたちもアメリカのコッペパンと脱脂粉乳で育ったのです。

米は粒ですから粒食品と言います。パンは粉ですから粉食品。アメリカの戦後政策で日本ほどうまく成功した例はないといわれている。アメリカの援助で、日本の当時の厚生省が全国にキッチンカーを走らせて、粒食を粉食に変えていった経緯は、NHKディレクターだった高嶋光雪さんの『アメリカの小麦戦略』（家の光協会、1979年）に詳しく報告されています。「米を食べると馬鹿になる」という言葉が流行したのもこのころのことです。

粉食が増えて米の消費がずっと減ってきて、パン食に移っていく。一方で米の生産は増えてくる。なぜ米の生産が増えたかというと、これは今のTPPとまったく逆の状況で、日本の工業製品は国際競争力がなかったのです。しかし、国民が貧乏であれば売れないわけですから、米価を上げて買えるような状況にして、工業製品を国内で売っていって、工業が成長していく。だから、米価は高かったのです。

石塚さん、農協に入ったのは昭和30年代だったのですか。

石塚　私の場合、昭和46年（1971年）です。

山下　昭和35年（1960年）くらいまでは、役場の初任給は米1俵半くらいでした。私の同期生が昭和36年に、消防署に入ったときに、初任給が米1俵半でした。だから、そのころ、相対的に米作地帯の新潟はすごい豊かだったと思います。田んぼを1町歩つくっていれば奉公人が二人雇えた時代です。

佐賀県もずっと米づくりの反収日本一を目指してきたわけです。佐賀県が反収日本一になったのは昭和42年と43年。その前は山形県、その前は長野県でした。米づくり日本一になったといって大騒ぎして、県庁でお祝いして、佐賀県民を上げて祝賀ムードだったのです。その2年後、減反でしょう。

最初は、米が今、余っているわけだから、緊急避難的に1割減らそうという話でしたね。最初8％でした。全国的に8％の田んぼを休ませてくださいということだったのです。では休ませる代わりに2割増収すればいいじゃないか。1割減反2割増収でやったのです。こんなことやっても何もならない。ですから、一番の変化は、農業基本法が目指した、自給をやめて商品化農業に変えるということ。農業が自給ではなくて、金を稼ぐことを目的にするということ。あのときから国としては自給を捨てたのだと私は思っています。ずっとその流れです。

悔しいので『減反神社』という小説を書きました。４００字詰め原稿用紙80枚くらいの短編ですけれども、簡単な話です。減反しなければいけないから田んぼをつくっていないわけです。上に団地ができて、団地のバス停が田んぼのそばにできた。団地に住むサラリーマンが酔っぱらって帰って、そこへ小便をする。ゴミを捨てる。どうにもならない。保健所に言っても、警察に言ってもラチがあかない。困り果てた地主が、田んぼの中に石が

『減反神社』山下惣一著（家の光協会）

イトミミズを田んぼの神として糸蚯蚓神社を建立（ヤギが休憩中!?）

あったから、石にしめ縄を張ってみたのです。そうしたらぱたっと止まるわけです。石にくぼみがあったのでついでにお賽銭を上に上げておいたらどんどん参拝客が増えて、最後に神社になるという話で、直木賞候補にもなりました。それだけのことです。

一大転換期として農協と生協の提携スタート

石塚　減反神社ですか。ぼくは田んぼを修復し、冬水《ふゆみず》田んぼ（冬期湛水田）にしてからイトミミズが発生するようになったのを機に近くに、平成19年（２００７年）、イトミミズを田んぼの神とする糸蚯蚓神社を建立しました。

それでは、また10年飛びましょう。生産調整が始まってから、ちょうどこの本『北の農民 南の農民』が出されたころの背景です。星さんは昭和56年（１９８１年）に出版された8年くらい前から有機農業をやられているというお話が、たしか本の中に書いてありました。

実は、笹神地域もちょうど昭和56年というのは一大転換期になりまして、現在のパルシステムという生協とおつきあいが始まったときなのです。当時の生協名は、首都圏生協事業連合で、一つの生協が数千人という、小さな生協の連合でした。当時の農協名は、笹岡農協で、旧笹神村で二つの農協がありました。当時の生協は立ち上がって7～8年で、まだ米の流通業界ではアウトロー的な存在で新潟コシヒカリを扱いたくてもできない時代でした。おつきあいするきっかけは、昭和53年から始まった強制減反で、一定の面積はつくってはならない制度です。笹神村は農民運動が盛んな地で、行政・農協・農民が反対運動ののろしを上げた結果、面積消化の達成率が全国ワースト1の18・7％でした。テレビ・新聞で報道され、これを知った生協が笹神に行けば新潟コシヒカリが手に入るだろうというので出会ったのです。もともと首都圏生協事業連合も笹岡農協も異端児ですから、異端児同士のつきあいが始まったときが昭和56年なのです。

しかし、当時は食糧管理法があり、しかも新潟県経済連が産地指定を認めてくれなかったので、米の流通はできず、約10年近くはサマーキャンプなど生協の親子を笹神に招き、交流事業からのおつきあいでした。そして、昭和62年に特別栽培米制度が制定され、必然的に減農薬、当時でいう農薬を使わない、化学肥料をなるべく使わないというものをやってくれないかという提案が生協からありまして、先ほどご紹介がありました、多収技術の勉強に行くのを急遽変えまして、たしか私の記憶だと昭和61年（１９８６年）に星さんの集落の上和田《かみわだ》有機米生産組合におじゃましているのです。そういった面でいうと、30年後にこの場でお会いするということは、私としてはすごくなんとも言えない感動を受けるのです。さらに私の個人的な体験になりますが、星さんの高畠町に有機農業の師である米沢《よねざわ》郷《ごう》牧場というのがありまして、そこにしょっちゅう行った記憶があります。

米沢郷牧場というのは、パルシステム生協連の産地で有畜複合農業を大々的にやっている法人組合です。当時の笹神村は、平成元年のふるさと創生資金を使って堆肥センターを建設したのですが、堆肥づくりの勉強にしょっちゅう行ってました。

ちょうどこの本が出されたころ星さんはすでに、新潟でいうと消費者運動をやっておられた谷美津枝さんとも産直をやっておられた。その辺の話を、有機とか、地域ぐるみで特別栽培米を開始した、そこに持っていったという苦労話。私も経験があるのですけれども、この本『北の農民 南の農民』にも書いてあるのですけれども、その内容をお聞かせいただいて、山下さんからは、少し失礼な言い方なのですけれども、有機といったものに一線置いて見ておられましたよね。その辺の軽快なやりとりが非常にお二方の特徴が出ていたというのは、星さんは持ち前のロマン派です。山下さんは、辛口の現実派のリアリズムで、これが非常におもしろいのですけれども、このころの時代のコメントをいただければと思います。星さんからお願いします。

有機農業というもう一つの道

星　そこに入る前に、一つだけ。減反というのは、1割減反で1割収入が減るという経済的な側面に目を奪われがちだったのですが、それ以上に農民の精神的なダメージというのは大変なものだったのです。基本法農政というのは、それまでの自給的な農業というものから商品生産の農業へ、つまり儲かる農業へというようなのが合い言葉だったのです。これは国のほうからそういう提示がなされて、農家がそれを受け入れたということなのでしょう。しかし、儲かる農業というのは、儲かるうちはいいですが、儲からなくなればやる意味がないということに最終的にはつながります。

産地づくりの中で近代化を追っかけてきて、結局一番どこが変わったかといえば、先ほど申し上げた健康とか、環境の問題はもちろんありますが、農家の自給というものがことごとく失われてきたということなのです。百姓百品と言われるように、その地域で可能な限りつくれるものはつくりだして、暮らしをまかなっていくということが農の伝統的な哲学だったのですが、それが否定されたということが、やはり日本の農業の変わっていく大きな考え方の変化といいますか、節目になったと思います。減反と同時に農業高校を卒業して就農する新しい担い手として、期待されて教育を受けた若者たちがそっぽを向いたのです。就農する若者たちが一気に減少し、50％を切ってしまうというような場面にぶつかっていきました。

そして、盛んだった青年団活動なども冬の間は出稼ぎに行って男性がいなくなるような村が広がりました。これではいけない、このままだったら農村はゴーストタウンになってしまうというような危機感を持って、高畠の若者たちは、自給を取り戻さなければいけないと考えたのです。冬の間に活動するために人がいないということは決定的にマイナスの条件ですから、出稼ぎをやめて、地元で冬じゅうがんばる〝出稼ぎ拒否宣言〟です。

それは例えば畜産を導入したり、キノコを栽培したり、あるいは農外の仕事に就いたりということで、収入は何分の1に減るのですが、歯を食いしばって、地域でがんばって新しい村づくりをしなければいけないと考えて、取り組んだのが有機農業の前史としてあるわけです。収入は減っても自給するという発想が、近代化を追いかけることとは違うもう一つの道を求める大きな出発点になりました。それに加えて、農協界の天皇といわれ、やがて協同組合経営研究所（他の研究機関と合併。現、ＪＣ総研）の理事長の時代に、日本有機農業研究会を創設し、有機農業の父と称された一樂照雄《いちらくてるお》氏や、あるいは愛媛県伊予市で不耕起直播の稲作を営み、さらに『わら一本の革命』（春秋社）を著し、粘土団子で砂漠緑化に取り組み、自然農法の神様といわれた福岡正信さんの哲学とか、賢人の教えに共鳴したことが近代化を超えるもう一つの道を求めて有機農業へ、というように転換していく大きなきっかけになりました。

作家の有吉佐和子さんが、朝日新聞の連載小説「複合汚染」の取材に訪れたのは、高畠町有機農業研究会が発足した翌年、一九七四年の秋のことでした。

若者たちは、今までとは違う筋道を求めて歩き出しましたが、理念は正しくとも、そん

「有機農業の父」と称された一樂照雄氏

『わら一本の革命』福岡正信著（春秋社）

なにやすやすと軌道に乗せられるような甘いものではありませんでした。国が推進する近代化に対抗するような動きだと、地域社会から見られまして、せっかく懸命に力を合わせ、ここまで近代化を達成して、さらに前を目指そうとしているときに、それに背を向けて戦前とか、場合によっては江戸時代の農業に戻るのかというような見方をされました。ですから、地域社会の中で大変な圧力が加わって、歯を食いしばって、それに耐えながら10年ぐらいは実践を続けてきました。

一つは自分自身との闘いがありましたし、加えて地域の圧力との闘い、そして近代化を進める国の農政と対峙する三つの闘いを同時並行して続けた10年、十数年だったと思います。それは、一人とか、5、6名くらいの小グループであればとっくにつぶれていたと思うのですが、40名近い若者の集団として有機農業研究会がスタートしたということで、つまり若さと組織的な力でもって、さまざまな困難を乗り越えてきました。次第に土がよみがえってくると、土づくりというのは有機農業の本命ですから、その力が次第に発揮されるようになって、異常気象も乗り越えて安定的な生産を上げられるようになってきたのです。しかし、その実践は、広い地域社会に点の存在として歯を食いしばって闘うという存在である限りにおいては、地域社会全体を変えることはできない、ましてや町とか、県とかの地域農政といいますか、農業政策を変えるという力にもなり得ないと考えました。ですから80年代は「地域に根を張る有機農業運動」ということを目指すようになりました。

有機栽培で一番大変なのが田草取りです。慣行農法では除草剤で一気に解決されていたのですが、それを使わないということでありますから、一番困難な作業であったわけです。その垣根があまりにも高すぎると、なかなか多くの農家に普及していくということは難しいところがありました。

80年代から仲間とともに若さ、組織的な力で「地域に根を張る有機農業運動」を推進

そういったときに、平野部のほうからヘリコプターによる農薬の空中散布が、まさに空爆のような感じでどっと中山間地に押し寄せてくる。それをなんとか水際でストップさせたいという切実な課題が浮上したのです。
十数年たって、いろいろな生き物たちがよみがえってきて、豊かな生態系に変わろうとしているときに、空中散布によって、今までの努力が水の泡になるというように危機感を持ったわけです。そのときに地域に根を張る運動を目指すなら、もう少しだれでも取り組みやすいような栽培基準を設けて、地域ぐるみの集団をつくることができないだろうかと考えたのです。それが、先ほどご紹介がありました、上和田有機米生産組合の一つの動機づけになりました。

そこでは、農協青年部の中心的なリーダーが機関車となって、農協の支所の支援などもいただきながら、1年くらいかけて新しい基準をつくって、つまり農薬と化学肥料はまったく使わないで、しかし、除草剤1回だけ使って、一番重労働の草取りの労力を軽減するという基準を示して、農家を一軒一軒回って会員を獲得して、スタートしたのが1986年に誕生した上和田有機米生産組合であります。そのスタートラインというのは、おそらく笹神地域の目指そうとするようなことと合致するのではないかと思っております。

有機農業と地産地消へ

有機農業に踏み込めなかった理由

石塚　でも、山下さんは、先ほどお伺いしました有機農業とか、減農薬の取り組みには一定の距離を置かれていましたよね。また、山下さんが30年前に書いた福岡の若い元気のいい農業改良普及員というのは宇根豊さんのことですよね。その辺の理由と当時の九州のお話などをお伺いします。

山下　昭和30年代後半は、とりわけ農薬の使いすぎで、農家の人はご存じでしょうけれども、ＰＣＰという除草剤があったじゃないですか。あれでうちのほうはフナやら何やら全部死んで、川面を真っ白く埋めて流れたのを覚えています。昭和40年代になったら四日市ぜんそくとか、水俣病とかが出てきて、レイチェル・カーソンの『沈黙の春』（新潮社）が出て、有吉佐和子さんの『複合汚染』（新潮社）が登場します。昭和49年くらいだったでしょうか。有吉さんの「複合汚染」の新聞掲載が終わったときに、星さんと一緒に京都に呼ばれたのです。

そのとき、京都大学農学部の坂本慶一先生も一緒でした。その座談会が『複合汚染その後』という単行本で潮出版社から出たのですが、大した人気で4万部出ました。私などが本を1冊書くよりもうんと余計にもらったのです。

有吉さんに、私は先生という言葉が嫌いなものですから、絶対に先生という言葉を使わないので、「有吉さん」と言ったのです。本を見たら、ちゃんと「先生」と言ったことに

『複合汚染（上）』有吉佐和子著（新潮社）

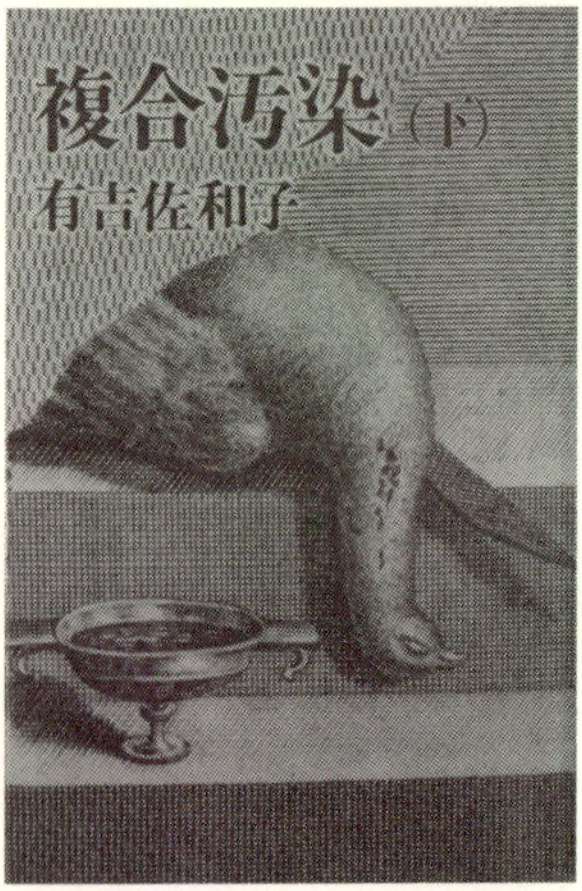

『複合汚染（下）』有吉佐和子著（新潮社）

なっているのです（笑）。あれには笑いましたよ。

さて、有機農業の話になるわけですけれども、私が有機農業に踏み込めなかった理由は二、三あるのです。一つは、昔の田の草取りの苦労が身にしみている。除草剤があることでどれだけ助かりましたか。３回もうつむいて草を取って、ブヨに刺されて顔が腫れて、なぜこんなことをしなければいけないのかと。だから除草剤の功績というのは否定できないと思っています。

もう一つは、私は勇気がなかったから有機農業をやれなかった。今は有機農業が社会から認知されて、勇気がなくてもやれるのです。星さんのころに有機農業をやるのは大変なことです。農協とか、役場の指導を聞かないやつはいますけれども、隣と違う農業をやるということは、村の中では不可能です。同じ水を使っているのです。田んぼがつながっているじゃないですか。俺だけ有機農業をやる、無農薬でやるといっても、周りは慣行農法でやっているわけでしょう。隣とけんかすることになるわけだから、相当勇気がないと有機農業はやれなかった。当時は有機農業は、まさに「勇気農業」だったのです。私には、その勇気がなかったということです。

三つ目には、農業基本法のいう選択的拡大で西日本はミカンの産地を目指したものでして、私もミカンに人生をかけたのです。ミカンだけでやっていこうと思って、ずっとやっていたのです。しかしミカンで食えないものだから、葉タバコの面積を増やしたのです。私が専業農家だった時期は、田んぼ1町とミカンが1町、タバコが1町の3町を親子4人で15年間は農業収入だけでできました。ミカンでは食えない。健康になるミカンをつくったら食えないのです。健康を害するタバコで食えるのですよ。わが村はタバコの産地ですから、今、3町歩ぐらいみんなつくっていますけれども、タバコ農家が一番堆肥を使っています。堆肥を使わないとタバコはできないのです。人の健康を害するタバコをつくっているのに、これを有機栽培でやるということの意味は一体なんだろうか（笑）。だからやらなかった。

もう一つは、星さんには悪いけれども、実は昔、生協のおばちゃんたちが大嫌いで、生協のおばちゃんスタイルというのがあって、髪はばさばさで化粧をしないで、ジーパンはいて、忙しそうに走り回って、やれ、無農薬の米をつくれとか、やれ、無農薬の野菜をつくれとか言ってくるのです。ふざけんな、おまえがやれと（笑）。

さて、そうだ。宇根豊さんの話をしましょう。彼は福岡県の農業改良普及員だったのですが、変わった男で「擬《にせ》百姓」というガリ版の機関紙を出していました。「疑う百姓に手をかす」という意味ですから相当な人物ですよ。彼がペイペイのころ、話した言葉に私は感心しました。「田んぼに農薬をふれという指導は現場を見なくてもできる。しかし、ふるなという指導は田んぼを見なければできない」。この意味はわかりますか。田んぼを見る指導を志した彼は「減農薬運動」を始め、上層部の圧力を受け、私たちはみんなで支えましたよ。

そのメンバーが中心になって「九州百姓の出会いの会」を始めて30年続け、参加人数は延べ3000人を超えました。宇根さんは県庁をやめて福岡県糸島市二丈で百姓になり「農と自然の研究所」を10年やって閉じ、今は「農の思想家」と自称していますが、九州には同じ福岡県で合鴨農法の実践、提唱者である古野隆雄さんをはじめ、一筋縄でいかない百姓がたくさんいましてね。私がその元祖といわれています。

山形県川西町での生活者大学校は年に1回で22年もやっています。井上ひさしさんが校長で私が教頭です。教頭になった理由は、最初のときに講師で呼ばれたら、井上さんの追っかけがいっぱい東京から来るわけです。この人たちが無農薬で野菜をつくれないかとか言うわけです。何を言っているのですか。だれが好きで農薬を使う者がいるか。農薬を使って一番被害を受けるのは俺たち百姓ですよ。こちらは命がけでつくっているのだから、

生活者大学校で参加者を前に講義する山下惣一さん

井上ひさしさんと山下さんの校長＆教頭コンビ。受講生に語りかける

あなたたちも命がけで食え（笑）。井上さんが大笑いして喜んで、教頭になれということでやったのです。今でもそう思っています。テレビの紫外線情報ばかり気にして、外に出るときは日焼け止めクリームを塗って、手袋をして出るような人に、なぜ汗水垂らして、泥んこになって苦労して安全なものをつくらなければいけないのか。断固お断りします。自分の分だけならやります。

石塚　こういう辛口が持ち前なのですね。今は嫌いではないですよね。一応、確認しておきます。

山下　申し訳ありません。その後、私は自分を反省し、宗旨変えをしました。そのきっかけは平成5年（1993年）の大凶作のときに、生活クラブ生協神奈川というところから講演に呼ばれたのです。ぼろくそに言ったのです。

ところがこの生協は食管法と相当長いあいだ闘いをやって山形県の遊佐の米を直接買う、米の産直のパイオニアだったのです。あそこの米しか食わない。絶対にあそこの米を食い支える。米が足りないなら1年間米を食わない。こういう人がいるのですよ。私は驚き、かつうれしくなって悔い改めました。これこそ私らの本当の味方だと思って、それから生協のおばちゃんは大好きです（笑）。

地域ぐるみの有機農業運動の展開

石塚　もう1時間近くになりましたけれども、先の時代に進めましょう。平成を迎えてグローバルな世の中になりました。この本が出されてからちょうど30年間で、すごい歴史的なことがいっぱいあったと思うのですけれども、例えば米価は下がる、減反は強化、農家人口は減る。お二方が共通しているのは小量多品目。加えて星さんの場合は有畜複合というものを目指されて、自給ということを先ほどおっしゃいました。私も手前味噌ですけれども、今、ちっぽけな哲学を持っており、わが家を基軸にして半径５００ｍ以内から有機の食材を自分の素性の見えるやつを胃袋に入れるというかたちで、今、推定70％まで来まして、ヤギのおかげで０・２％伸びて、今、推定70・２％くらいに来たのです。

現在、私の経営は稲作が約６haで、うち有機栽培が約４ha、２haが特別栽培米です。山あいの耕作放棄地を借り受け、この８年間で約１haほど復田し、有機栽培を少しずつ増やしております。転作は大豆とエゴマで野菜は有機での自家用程度で、ほかにヤギが３頭で鶏が40羽ほどで、まさに一昔前の百姓を目指しているのです。

それはさておいて、農業の30年間の現在において、例えば農協とか市町村は広域合併がすごく進んだのです。たしか本にあったと思うのですけれども、地域の農協といいますか、市町村も屋上から見えるのが本来の地域だと書いてあったことを記憶しています。それらを含めて、トータルでこの30年間の背景を振り返り、次に休憩が終わったところでＴＰＰ問題に入りたいと思います。まず、この30年間を振り返って思い当たること、時代背景といいますか、政治といいますか、農業の背景なども含めてコメントをいただきましょう。星さんからお願いします。

星　先ほど申し上げたような経過を踏んで、やや地域ぐるみの有機農業運動というものが、その後、展開されるようになったのです。しかし、その間にも日本全体の政治経済、農政というものは、ご存じの前川リポートに象徴されるような財界の側からの徹底した農業たたきというものが展開されていたわけです。日本は、工業国家、通商貿易立国として生きていかなければいけない、それが資源のない日本の進むべき道であるというようなことが、一握りの御用学者だけではなくて、マスコミもそれに世論を誘導するようなかたちで農業・農村の非難が続いた時代がありました。

そのときに、私どもがいわゆる国の政策に乗っかってやっていれば、ほとんどの精神的なよりどころみたいなものを見失ってしまいかねないような環境だったのです。しかし、自給自立ということを基本にして運動を続けてきて、３年、５年と成果が上がっていく段階で、都市の目覚めた消費者の方々、自覚的な市民と出会って、そこに信頼関係が結ばれていったということが非常に大きな支えになったのです。自給して余った部分をぜひ私どものところに分けてもらえませんかという強い要請を受けて、それにこたえるというかたちで始まったのが産直、提携と言われる運動の出発点なのです。

新潟の消費者センターの谷美津枝さんと三十数年も前から提携の関係を結ぶことができ、玄米餅をつくる糯米《もちごめ》や、リンゴ、ブドウ、ワイン、漬け物など、多彩な産物を届けてまいりました。

また私どもも、天然醸造の醬油や、海産物などを消費者センターから購入し、折々の学習の機会にも恵まれ、生活の質を高めることができたと思います。私の妹が新潟市内に住んでいるということなどもありまして、随分、新潟に足繁く通いました。それと首都圏の先進的な主婦の方々が運動として展開していた共同購入の消費者グループです。そうした生産者、消費者の関係というものが、ネットワークとしてどんどん広がっていって、それがさらに関西とか、四国まで伸びていくという場面を迎えるわけなのですが、そのことによって、市場相場に左右されない新しい流通が始まったのです。いわば産直提携ですから、作付け会議というものをやりまして、そこで栽培基準をきちんと消費者にお示しして、すべての品目に価格をつけるわけです。基本的には生産者のほうから提示し、消費者の皆さんの合意をいただくというかたちで、これは市場流通、市場原理とまったく違う次元で、有機農産物の流通というものが新たに展開されて広がってきたわけです。そのこと

収穫間近のコシヒカリは今や日本を代表するブランド米

高畠町での現地実習で「はざ架け」に取り組む首都圏の高校生（神奈川総合高校）

リンゴ園に来園した消費者に摘み取りのコツを解説する星さん

によって、小さなアジア的な家族農業であっても、可能な限り多品目少量生産で年間を通して消費者の食卓に届けることができれば、それでもちゃんと経営として成り立つ、自立できるというめどが10年、十数年するうちについてきたのです。

　このことによって、地域の中で企業誘致とか、外側の資本の力を借りて地域開発するということが主流だった時代に、リゾート開発で首都圏から押し寄せてくる波を跳ね返して、そして内発的発展といいますか、住民自身の主体的な力でもって地域の振興策を考えるという新しい村づくりの方向というものをつかみ取ってきたわけです。ですから、地域の力だけでは、到底この運動のそういった広がりというのは不可能だと思うのですけれども、自覚的な市民との提携、人間の強い絆でもあって、私たちは新たな活路を見いだしてきたというわけであります。

１９９０年代になって、必ずしも有機農産物というものを介在しなくても、同じ価値観を共有する都市の広範な市民との提携、あるいは若い人たちとか、大学とかの連携などによって、都市と農村との交流が多彩に展開されていくという時代を迎えてくるわけです。しかし、一方で、そういった主体的な運動のさなかでも、今、申し上げました農業たたきというものが段々エスカレートしていく。それと同時に貿易の自由化というものは、次々といろいろな品目に及んでくる。とりわけ、最初はバナナあたりから始まったのですが、牛肉、オレンジの自由化が一気に開かれたということによって、ミカンの主産地なども大変なダメージを受けましたし、多頭畜産、工業的な畜産も次々とつぶされていくという場面を迎えます。

サクランボの自由化というのは実現したのですが、しかし、これは山形が一大主産地でして、品質の面で全然輸入されてくるものと決定的に違うものですから、ほとんど自由化の影響を受けないで、今日まで産地は発展してきているわけであります。国内の耕種農業の多くは、畜産も含めてなのですが、主な品目は次々と外国からの輸入によってつぶされてきたということは歴然としております。

ついに本丸である米の自由化が冷害凶作のときに細川内閣の手によって、一気にその砦が落とされてしまった。ガット・ウルグアイ・ラウンド農業合意の外圧をうまく利用するようなかたちでもって、内側から門戸を開いてしまった。かろうじて、それが高い関税でもって守られているようには見えますけれども、しかし、戸別所得補償というようなことをやりながらも、ご存じのように米価が急落しまして、私のところでは農協の概算払いはわずか1俵（60kg）当たり9000円です。1万円にも満たないです。そういった中で、なにがしかの補償をしてもらっても、これは雀の涙で、決して日本農業の再生にはつながらないという感じを持っているのです。

それがTPPという大津波が現実に押し寄せてきたら、壊滅するのは明らかです。今までの歴史を見て、自由化の荒波に次々とつぶされてきたが、一気に戦後最大の大津波に遭って全滅するという瀬戸際まで追い込まれてきた。その中では、我々がずっと地べたを這ってやってきた有機農業の運動とか、創造的な小さな産地もことごとく飲み込まれてしまうのではないかという危機感を持っています。

地産地消のある地域社会を求めて

石塚 それでは、山下さんにも同じ質問でこの30年間の農業・農村をめぐる変貌を振り返っていただけますか。

山下 昔、農業との比較でよく持ち出した話ですけれども、自動車の生産が、昭和30年代には1台つくるのに200時間かかっていた。それが一番ピークのときは、日本では1200万台つくっていたんですよ。年間1200万台ということは、1日に3万2700台、1時間に1369台、1分間に22台です。そうすると工業の生産のラインがどんどん大きくなってくる。生産力が上がってくると国内市場だけでは間に合わないから、どんどん外国へ持っていくわけです。向こうから何か買わなければいけない。食料を買うようになった、木材を買うようになった、魚を買う。

これは2001年の実績ですけれども、日本は世界の225の国や地域から年間

年表　戦後農政の流れ

区分	年	食料・農業・農村の主要な施策など
戦後	42	「食糧管理法」制定（国による米の全量管理等）
	52	農地法制定（農地改革の成果の維持）
農業基本法と農政展開	61	農業基本法の制定・農業生産の選択的拡大・自立経営の育成
	64	出かせぎ農民100万人を超える（オリンピック東京大会開催）
	71	米の生産調整を本格的に開始
	75	みかんの生産調整を開始
	80	農政審議会「80年代の農政の基本方向」答申 （「日本型食生活」、「食料安全保障」の提起）
	88	日米農産物交渉合意（牛肉・オレンジ自由化）
	89	食料自給率が50％を割り込む
国際化と食料・農業・農村基本法	92	「新しい食料・農業・農村政策の方向」（新政策）公表 （・食料のもつ意味や農業・農村の役割の明確化、地球環境問題への配慮 ・効率的かつ安定的な経営体が生産の大宗を担う農業構造の実現 ・自主性と創意工夫を活かした地域づくり）
	93	ガット・ウルグアイ・ラウンド農業合意 （米以外の輸入制限品目の関税化や米のミニマム・アクセス設定等）
	95	食糧管理法廃止・食糧法制定（政府から民間主導へ）
	99	「食料・農業・農村基本法」制定 （・国民的視点から、①食料の安定供給確保、②多面的機能の発揮、③農業の持続的な発展、④農村地域の振興という新たな理念の提示 ・食料自給率目標の設定 ・効率的かつ安定的な農業経営が相当部分を担う農業構造の確立）
食料・農業・農村基本法に基づく施策	00	「食料・農業・農村基本計画」の策定
	00	中山間地域等直接支払制度導入
	00	農地法改正（農業生産法人の一形態として株式会社を位置付け）
	02	「食」と「農」の再生プラン（消費者に軸足をおいた農政展開）
	05	新たな「食料・農業・農村基本計画」の策定 （・新たな食料自給率目標の設定　・新たな経営所得安定対策の導入 ・環境・資源を重視した施策の推進）
	06	食料自給率が40％を割り込む
	10	「食料・農業・農村基本計画」の策定 （・農業者戸別所得補償制度の導入 ・農山漁村の６次産業化　・食の安全・安心の確保） TPP（環太平洋連携協定）問題浮上
	11	東日本大震災、福島第一原発事故 「食と農林漁業再生のための基本方針・行動計画」の策定

注：農水省ホームページ資料をもとに抜粋、加工作成（暦年は西暦）

5800万tの食料を輸入している。世界第一の純輸入国。中国は多いけれども、中国は輸入材を加工して輸出している。日本の場合はそれが少ない。その分、日本の中で生産が減っているわけです。その基になったのは、星さんが先ほどおっしゃった前川リポートで、これは中曽根内閣の首相の諮問会議で、座長が日本銀行の総裁だった前川春雄という人。これがバックになって、大前研一がこう言った、竹村健一がこう言った、だれがこう言ったとなっていったわけです。

前川リポートにどう書いてあるかというと、日本が世界に冠たる経済大国になったのに、国民にその実感がない。これはなぜかというと、食費負担が高いから、農業生産力が低いために農産物が高すぎて、国際価格に比べたら日本の農産物は全部高い。したがって、世界の主要都市の水準と比べると、東京の食料品の値段が3割高い。3割高い負担のために3割余計に働いて、3割余計にものをつくって、それらを輸出して貿易摩擦を起こしている。日本に残さなければならない農産物、米とか、例えば酪農とか、砂糖とか、そういうものは合理化を進めながら、なるべく輸入を増やして、日本の貿易黒字を減らして、国際協調を保ちながら食費を下げていくと、日本は経済大国にふさわしい豊かな暮らしができると書いてあるのです。

だから、農業たたきの黒幕は政府だったわけです。今はどうなったかというと、2006年の農水省の調査で食料品の内外価格差は、東京を100とするとニューヨークが130、ロンドンが128、パリが153、ジュネーブが165、ソウルが134です。2006年の調査ですから、急激な円高とは関係ありません。それで豊かになりましたかと、私は言っているのです。これだけ安いのに、もっと安いやつしか買えなくなった人がたくさんいるということです。だから、農産物が下がれば豊かになるというのは幻想であって、同時に給料も下げられますよということになるのです。

もう一つは、私が星さんのおっしゃることでどうも引っかかるのは、自覚的な消費者とか、目覚めたということをこの人はよく使うのです。私は眠っている消費者とつきあっていますから、自覚していない消費者とつきあうにはどうしたらいいかと、ずっと考えてきました。

どうしたらいいのだろうと考えて、考えついたのが地産地消でした。『身土不二の探究』（創森社）という本を書きましたけれども、たしか1998年に書いたと思うのですが、1992年くらいにうちのほうが農産物直売所をつくって、地元のものをなるべく地元で消費するということを始めました。私が対象としているのは、自覚的でない、普通の眠っている消費者が支えてくれれば地域社会が成り立っていくような方法があるのではないかということで、私は体と土は一つであるとし、そこで育ったものを食べ、暮らしていくのがよいとする身土不二《しんどふじ》、地産地消のほうへ行ったということです。

ちょっと長くなりますが、私たちが直売所を始めた経緯を少しお話ししましょう。私の中にはその思いはずっとあったのです。というのは毎年外国の農村を見て歩いていまして、規模やコストや低労賃ではとてもかなわない。同じ道を進むのは自滅だという思いがありました。ただ日本の農業が世界の中で圧倒的に有利な条件が一つだけある。

それは生産と消費の距離が非常に近い。生産者と消費者が混住混在している。むしろ消費者に包囲された条件で生産している。こんな国は日本だけです。ですから、そこでとれたものをそこで消費する。そういう仕組みがつくれればこれほど有利で安定した農業はなく、そしてこれは健康や食の安全、地域維持など消費者の利益にもかなう。私たちの生きる道はこれしかない。私は今でもそう信じています。

私は農協の理事をしていました。これにも理由がありましてね。「山下は世間では大きなことを言ってるが地元では浮き上がって、だれからも相手にされていない。だから農業委員にも農協理事にもなれない」。こういう噂が東京方面で広がっていたんですよ。風評被害ですよ。私はそういう役職が嫌いなだけなのにね。

そんじゃ、ま、と農協理事になりまして、地区の「営農推進協議会」で直売所の話を持ち出したんですよ。そしたら、「ここをどこだと思っとるか。ここは生産地だぞ、生産者ばかりだ」とみんなで反対する。「生産者だって消費するぞ。地区民の半分は漁師だ」と押し通しました。

身土不二、地産地消の取り組みを農産物直売所の開設で早々と実現

しゅんの野菜、果物などの地場農産物、農産加工品を所狭しと陳列

生産地と消費地の距離が近く、しかも生産者自身も消費するところに着眼

カネがないから最初の店は手づくりですよ。そのため役員には兼業農家の大工、左官、建築業者などを入れてタダで直売所の店舗をつくらせた。この種の人たちが今の農村にはいっぱいいいますからね。宝ですよ。３年前に場所を移して大型化し、三地区が出資して「株式会社玄海みなとん里」となっています。

つまり、農業の近代化、主産地形成などの国の農政に沿えなかった農政の落ちこぼれの村々には、昔の百姓百品の自給経済が残っていたんですね。これが「直売所」の展開によって、非常に有利に働くこととなったのです。

石塚　よくわかりました。二人のやりとりは、今日、お二方、私のうちで同じ部屋に泊まっていただきますので、そこでゆっくりやってください。今、ＴＰＰの前哨戦みたいな話になりましたので、一応ここで休憩を入れたいと思います。おそらく、このペースでいくと時間が押すかもしれませんけれども、ご容赦いただけますか。せっかくの機会でもったいないですからね。ここで10分間休憩します。

（休　憩）

TPP問題の闇と罠

TPPは国のかたちを変える危険な選択

石塚　さて、いよいよ現在の問題のTPP問題に入りましょう。『TPPの反対の大義』（共著、農文協）の中で山下さん、いや正確には山下さんの奥さん言うところの「ぴーぴーぴーには正露丸」というくだりがあります。突然、降って湧いたようなこのTPP。先日、2月26日に全国の百姓や消費者の参加者約400名で「TPPでは生きられない！」という座談会が山下惣一さん、山形の菅野《かんの》芳秀さん、新潟の本日ここにお出での天明伸浩さんの呼びかけでお茶ノ水の明治大学で開催されました。

　そのときに私も勉強してきたのですけれども、TPPのTは「とんでもない」のTだそうです。次のPは「ペテン」のPだそうです。それでパートナーシップ、「とんでもないペテンのパートナーシップ」というのがTPPの本当の意味だと、そのときにおっしゃっていた学者先生がいました。

全国の百姓の人たちが悲痛な声で、30人ほどが3分間スピーチをやりました。その中で、私の心に残っているのが、「前門の虎、後門の狼」ということわざがありますけれども、後門からは山が荒れて虎ならぬ猿、猪、熊が出てきた。前門からは降って湧いたようなTPP。これではもう生きていけないと悲痛な声を上げられた農民がおられました。なるほどなと思いました。

米価闘争以来、30年ぶりくらいでデモ行進をしました。久しぶりに血が沸き立ったのですけれども、この運動を全国的に広げなければだめだと思います。2・26集会の仕掛け人が山下さんであり、山形県長井市の私の友達の菅野さんであり、ここにおられる上越有機農業研究会の天明さんです。

TPPは、トランスパシフィック パートナーシップ（Trans-Pacific Partnership）の略で環太平洋連携協定。環太平洋経済連携協定、環太平洋パートナーシップ協定などとも呼ばれています。

では、これから、TPPを議論していきたいと思います。最初に、仕掛け人の山下さんから、TPPのことを遠慮なくお伝えください。

山下　私は、本音を言えば、やれるものならやってみろと思っているのです。一般の消費者は、農業・食料問題を農家の問題だと思い違いをしている。ところが農家には食料問題はない。あるのは所得の問題だけです。自分の食べるものだけつくって、あとはやめるだけだ。なんていうことはないのです。だれが困るんだと思っているのですか？　本当にそうなっていいんですか、というこことを問いたいのです。本当にそうなっていいんですか、ということを訴えたいのです。ほかにもＦＴＡ（自由貿易協定）とかＥＰＡ（経済連携協定）などがあるわけですけれども、ＴＰＰの一番の問題は、「例外なき自由化」ということです。例外を認めないということが一番問題なのです。日本はまだ参加していませんから、実態がわからないわけです。

農林水産省が、ＴＰＰに参加した場合には、日本の食料自給率は13％まで下がるということを発表したのです。指示したのは多分、当時の農林水産大臣の山田正彦さんです。山田さんは長崎の五島《ごとう》の出身です。五島はすごい過疎です。それでＴＰＰに反対だと言ったものだから、農水大臣をくびになったようです。真偽のほどは定かではありません。ですが、次になった人ははっきり言わないですよ。反対か賛成かわからないような態度を取る。明確に反対と言ったらくびになりますから。

日本の今の段階は、バスのステップに足をかけて、このバスはどこ行きですかと尋ねているような段階ではないでしょうか。だけれども、24の作業部会があって、なんだかんだと言っているわけだから、明らかに言えることは、もしＴＰＰに参加すれば、参加国は全部同じルールになるということです。これは避けられないことです。ということは、10年後の日本の社会は、今のアメリカ社会と同じになるということだと考えれば間違いないのではないかと私は思っているのです。当然、健康保険、年金は民営化です。任意加入ということになる。アメリカはそうですから、そうなりますよね。一般に言われているのは、例えばアメリカの会社が日本に病院をつくるとかということが出てくる。当然、ＢＳＥ（牛海綿状脳症、狂牛病）にかかった牛肉を輸入しろということになってくる。

それよりも、怖いのは、投資の自由化だと思うのです。日本は外国に出ていっぱい工場をつくったり、土地を持ったりしています。日本はまだそれをされていないでしょう。それが入ってくるということが一番怖いのです。事実、そういう例がありまして、林野庁が発表した数字があります。外国資本に日本の土地がどれくらい買われているか。林野庁の発表だと、平成18年から平成21年の間に、外国資本に買収された土地が５８８haあって、ほとんど北海道だと。森林です。農地は農地法がありますから農家以外は買えません。買ったのは香港、シンガポール、オーストラリア、アメリカの4法人と発表しています。もう一つ、事業仕分けを始めたNPO法人で「構想日本」というグループがあるのですが、加藤秀樹という方がそこのトップです。加藤秀樹さんたちが調べたところ、もっと多いのです。

先ほど言いました、山田正彦さんの地元である五島の福江には上海資本の視察団が何回も来て、市長を表敬訪問して、林業経営と別荘地開発をやりたいと、もっか交渉中だと。奄美大島では、住民反対運動があったみたいですけれども、これを押し切って、国際海運グループが1億2000万円を投じて山林を買収して、現在、チップ工場を建設しているということです。北海道にニセコ町というところがあります。私は講演に行ったことがあるのですけれども、洞爺《とうや》湖の近くのところですが、そこは、スキー場があって、オーストラリア、香港、台湾のスキー客が非常に多いのです。そこは、町の水道水の水源が5か所あるのですけれども、そのうちの2か所をマレーシアの企業が買収しているのです。水源の森を町有地にしようと交渉しているけれども、企業側は買っているわけですから、承知しない。

TPPに参加すれば、おそらく次に出てくるのは、まず、農協解体です。農協解体、農業委員会廃止、農地法撤廃、企業参入。企業は日本の企業とは限らないということになっていきますから、日本の国のかたちを根本から変えることになるのです。これは絶対止めなければいけないと私は思っています。

日本農業はほぼ壊滅する事態に

石塚　では、星さんはTPP問題をどう捉えているか、お願いします。

星　菅首相（当時）は突如、TPPへの参加を表明したわけです。しかし、民主党のマニフェストではそんなことは全然触れられていなかった。2010年3月には、日本の国内自給率があまりにも低すぎるとして、今の40％を10年で50％に向上すると閣議決定したばかりだったのに、それから半年もたたないうちに、それを全面的に覆すようなことを突如打ち出してきたというのは、どういった背景があるのかと、不可解なことがいっぱいありました。

いろいろな方々の論調などを丹念にひもといていきますと、結局は、WTO（世界貿易機関）のケアンズグループという、つまりアメリカ、オーストラリア、カナダあたりの農業大国の農産物輸出というものを、一つの戦略として世界的に展開する。その手先としての多国籍企業というのがあるのですが、大きな資本力を持って、世界の流通を牛耳っている存在が背景にあると思うのです。黒船が襲来して、開国をしなければいけないと、菅首相は言ったのです。日本というのは今まで、戦後、果たして鎖国をしていたのかということになると、ほとんど開放しているというか、開かれた体制を次々ととってきたのです。今さら、大声を上げて開国だなどと言う理由はみじんもないわけです。関税もほとんど低関税になってきているという実態があるわけです。

しかし、山下さんがおっしゃったように、外国の資本が虎視眈々と日本の消費市場を狙って輸出を拡大したい腹です。あるいは非常に豊富な森林資源、水資源などを狙って、それを買い占めにかかるだろうと、かねてから予測されていたことなのですが、北海道だけではなくて、私の住んでいる隣の米沢市の森林のかなりの面積が、シンガポールの資本に買い占められていたということが、２０１１年になってから判明しまして、これは県政の非常に憂慮すべき事態になっており、他人《ひと》ごとではありません。しかし、韓国や中国などにおいても、ごく近い将来、地球規模の食料危機が迫っているということはみんな熟知しているわけですから、自由化で自分の国の自給が危うくなる状況下で、せっせと外国の農地の買い占めをやっているのです。ところが、日本はまったく無防備で、TPPなどというとんでもないことに踏み込もうとしています。

このことによって、日本農業はほぼ壊滅すると、私も現場の中にいて思います。農林水産省の試算でも、主要6品目、例えば米、麦、大豆、乳製品、牛肉、砂糖といったものの9割以上はだめになるとしています。特に砂糖などについては、例えば沖縄のサトウキビや北海道のテンサイなどの原料は100%つぶれるという予測を立てているのです。一番大事な米については、9割はつぶれると。かろうじて1割残るとしたら、新潟県の魚沼の超ブランド米や、徹底した有機農業で、ある程度地域ぐるみでやっているところしか残らないだろうという予測まで立てているのです。

しかし私は、ほとんどの農業はつぶれてしまうということは、農業だけではなくて、関連のさまざまな産業基盤が揺らぐことは明らかなので、地域社会そのものが足下から崩れていくということにならざるを得ません。関連の産業といえば、農業の生産資材を製造して、農村、農業を一つの消費エリアとして展開している部門はもちろんですが、いわゆる地場産品を製品化していくというか、食品製造業などもことごとくつぶされていく状況になるのではないかと思われます。

アジア太平洋地域の経済連携の動き

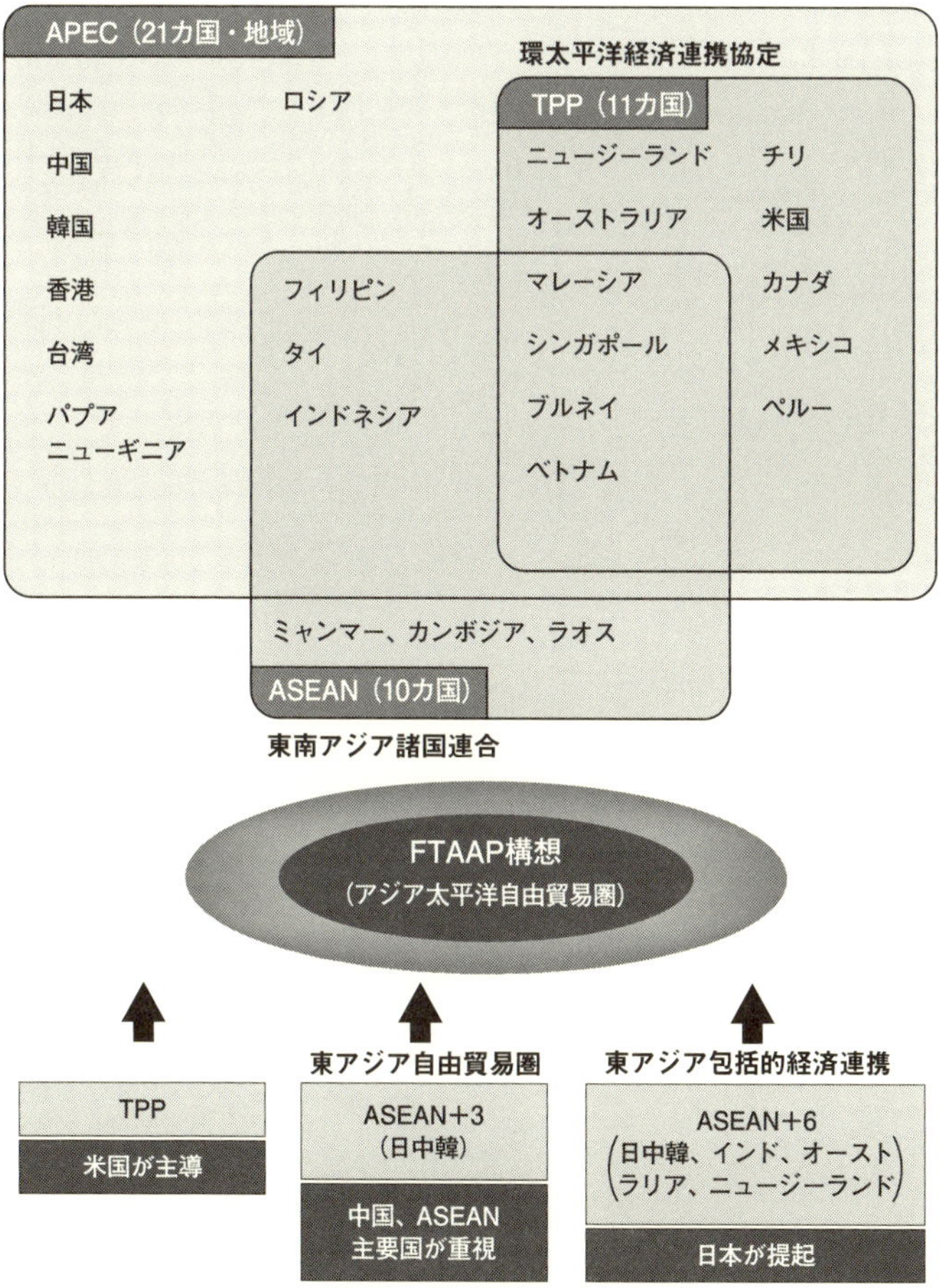

注：①『まだ知らされていない壊国TPP』日本農業新聞取材班（創森社）をもとに加工作成
②日本は2012年11月現在、アジアを中心に13の国・地域とEPA（経済連携協定）を締結。なお、韓国、湾岸協力会議、オーストラリア、モンゴル、カナダ、EC（欧州連合）ともEPA交渉開始

そうなりますと、地域社会そのものが空洞化することにならざるを得ません。それに、労働力の自由化が伴ったりすれば、若い人の雇用機会がますます減ってしまいます。あるいは低賃金で据え置かれてしまうという関係がすぐに出てくると思うのです。ですから、農村の問題だけではなくて、地域社会全体にとって大ごとでありますし、山下さんがおっしゃいましたように、国のあり方やかたちそのものをアメリカ型に変えていくということです。これは激烈な競争社会と格差社会になりますから、それを是認し、追従するということにならざるを得ません。

ところで、消費者、市民にとってはどうなのかといいますと、具体的に加盟が実現して、関税がゼロになって、怒濤のごとく安い農産物が入ってくるということになりましたら、当初は値下がりするかもしれません。しかし、穀物やすべての食料の鍵を握っている独占的な多国籍企業などの采配によって、間もなく値上げに転じていくと思うのです。今よりもさらに高い価格で購入せざるを得なくなるということは見え見えなのです。これは、今でさえも大変な家計に、さらに困難な状況をつくりだすことになると思います。途上国などの飢え、飢餓を増幅させていくという世界的な悲劇も当然表れてくるわけですから、日本の都合だけではないと思います。

最近、問題になっていますが、前原外務大臣（当時）が、ＴＰＰに関しては、ＧＤＰ（国内総生産）がわずか1.5％の農業を保護するために国益を損じてはいけないという、大変不見識な、見当外れな発言をしました。そのことにＴＰＰの本質がうかがえるわけであります。ただ単に貿易、国内総生産の数字的なものだけを問題にして、日本の農と地域社会が今まで果たしてきた非常に大事な、膨大な、多面的な機能と言われるものが一気に崩れていくわけでありますから、日本の国土環境そのものも危うくなってしまうことになりかねません。稲作文化の系譜をくむ、日本の伝統的な文化がどんどん消滅していくことになりかねません。

今まで、地域社会はかろうじて、お互いに助け合って、足りないところは補いあいながら、いいところを伸ばしながら生きてきた共同体なのです。これは集落であり、村全体であり、そういう機能を持って生きてきた共生社会なのです。その維持が困難になるということは、やはり地域社会がまかなえなくなるということにつながるわけであり、教育、福祉、医療などすべての分野に及んでくるだろうと思います。日本の国の枠組みを変えてしまうくらいの重大な問題だと山下さんがご指摘されたのは、まったくそのとおりだと私も思います。

TPPを結べば、過去の姿に回帰できない

山下　日本はまだTPPに参加していませんから、交渉会議の傍聴も許されない。今、9か国でやっていますけれども、交渉した相手の人に話を聞いてまわっているということです。ところが、韓国はすでにアメリカとFTA（自由貿易協定）を結んでいます。間もなく国会で批准される予定だそうですけれども、韓国の農村社会研究所所長の權寧勤《クォンヨンクン》さんが、2011年の1月にまとめたレポートが送られてきました。3月に雑誌に発表されるそうですから、発表されるまでは原稿には書いてくれるなと止められていますけれども、しゃべるのはかまわないと思います。

韓国でアメリカとのFTAで、どういうことが問題になっているかということを紹介しておきますと、普通、自由貿易交渉では、例えば日本は米を外しますよ。それ以外でこれを下げましょう、あれを下げましょうとやるじゃないですか。そういう交渉なのですけれども、アメリカと韓国のFTAでは逆です。韓国は今、FTAを結んでいるのが22か国で、進行中が6か国、準備中が14か国で、交渉中断が日本とカナダとメキシコの3か国です。多分、世界中とやるのです。日本の財界があわてたのは、韓国がEU（欧州連合）と

ＦＴＡを結んだからです。ＥＵに輸出する韓国の車は関税がゼロなのに、日本が輸出する場合は10％の関税がかかるから、２００万円の車だと20万円のハンディがつくわけです。

韓国の場合は、世界中とＦＴＡをやるけれども、唯一、米だけは絶対外すということを通しております。韓米ＦＴＡの大きな特徴が二つあって、一つは、先ほど言いましたように、これとこれをやりましょうと。交渉テーブルに乗ったもの以外は無関係、ほかは関係ないのが普通なのです。アメリカとやる場合、これとこれを外しましょうといって、あとは全部完全自由化だと。これをネガティブリスト方式というのです。それから、原状回帰不可能条項というものがあって、いっぺん民営化されたらもとには戻らない。先ほど言った北海道ニセコ町の水源地のように、外国企業が買って、それを買い戻そうとしても、これはもとに戻らないということです。そういった原状回帰不可能条項というものがあるのだそうです。

今、アメリカが要求しているのは、スクリーンクオーターといって、外国映画を上映する枠を増やせ。二つ目は、ＢＳＥ疑惑の牛肉の輸入を再開しろ。3番目に、乗用車の排気ガスの規制を緩和しろ。韓国にも薬事法というのがあります。そちらのほうの制度を変えていく検討を中断しろということを言っているそうです。いずれも関税とは関係ない。非

ＴＰＰによる国内産業・国民生活への影響

項　　目	国内産業・国民生活への主な影響
関税自主権の放棄	●独立国家としての存立基盤の崩壊 ●農産物の輸入拡大→食料自給率１３％に ●食料自給率目標５０％の閣議決定に矛盾
農林水産業の衰退	●地域経済の崩壊→地方の過疎化 ●高齢化に拍車 ●限界集落の増加、地方の衰退と都市の過密化 →均衡ある国土の発展に支障
医療制度	●混合診療の解禁→公的医療保険制度の崩壊 →医療格差の拡大 ●外国資本・株式会社の医療への参入激化 →医療がビジネスに
雇用	●工場などの海外移転が容易に。外国人労働者の流入 →日本の若者の失業増加・賃金低下
産業	●国内の雇用を支える中小企業と外国資本との競争激化 →業績低下 →賃金抑制・リストラ・倒産
食の安全・安心	●米国産牛肉輸入規制、残留農薬基準、遺伝子組み換え食品表示の緩和・廃止
公共事業	●外国企業の入札参入→土建業者を圧迫 →地域経済の悪化に拍車

出典：『まだ知らされていない壊国TPP』日本農業新聞取材班（創森社）

関税障壁なわけです。アメリカの政治状況が変わったものだから、この交渉は6年くらいかかっているのですけれども、その間、全韓国をあげて反対運動をやったけれども、結局、韓国は軍事上の特殊な問題があるので、それで押し込まれた。

交渉本部長がこういうことを言っているのです。「韓米ＦＴＡを結ぶことは、アメリカの先進的な法と制度を受け入れることだ」と。つまり、アメリカが進んでいる、裏返せば、韓国は遅れているということです。それを権《クォン》さんが書いていますけれども、これをいったん結べば、ふたたび過去の姿に回帰することはできない。これはＴＰＰではないですよ。ＦＴＡでこうなのです。だから、ＴＰＰは推して知るべしということだと私は思います。

石塚　星さん、もっと言いたいことはありますか。

輸出産業として生き残ることは幻想

星　農業者であっても、企業的な経営をやっている人の一部からは、むしろそういう機会を利用して、攻めの農業に転化するのだという論調があります。いわゆる輸出産業として生き残りをはかるということなのですが、しかし、現実に輸出する場合に市場をどこに求めるかというと、現実にアメリカやオーストラリアに農産物を輸出することはできませんから、香港をはじめとする、中国の富裕層、韓国、タイといったアジアに向かうわけです。

しかしながら、それは幻想にしか過ぎないのではないかと思うのです。輸出できるような品目というのは限られてくるし、高品質のものを求める消費層というのはどの程度いるかという、相手側の条件にも規定されるわけです。すでに輸出している国々の上位5か国、香港、台湾、中国、韓国、タイで大体60％を占めます。そこに打って出るということは、どれだけの現実性があるのかというあたりも、もう少し冷静に考えてみなければいけないと思うし、そういった富裕層相手に高級な果物や特殊な園芸作物などが一部入ったとしても、日本農業、地域農業全体をすくいあげるという力には絶対になりっこないと私は思っているわけです。

有機農産物にしても、ほとんど周辺の農家がつぶれていく中で、一握りの有機農業者が本当に生き残れるのかといえば、例えば田んぼの場合は水利というのは絶対に欠かせない条件ですから、それは地域ぐるみで、今までずっと伝統的に保全をしてきたわけです。さまざまな農地や里山の管理など、公益的な作業というものをほとんど無償でやってきたからこそ、今日の農村と地域社会が守られてきたと思うのですが、それをすべてお金の物差しで切っていくということになれば、日本の地域社会は存続していけなくなると思います。いわゆる金融資本主義というのは、リーマンショック以来、歴史的に完全に破綻してしまったわけですが、その金融資本に我々の運命を預けるような市場原理一辺倒の自由競争、グローバリズム化とは一線を画して、私たちの地域が自立できる道を探っていく必要があるのではないかと思います。

山下　輸出はこれからの日本農業の花形だといってもてはやされていますが、農産物の統計に出ていますけれども、実際、リンゴとかサクランボというものではなくて、インスタントラーメンとかそういうものが多いのです。農産物ではないのです。去年、魚沼で講演したときに言ったのですけれども、日本で余っているものを市場隔離するために輸出するというのは非常に有効だと思うのです。しかし、今年はないからだめですよ、今年は余りましたから買ってください、とはいかないでしょう。相手のあることだから。ということは、香港などの富裕層に、日本の安全で高品質な農産物を送れということは、逆に言うと、日本の低所得者層は中国の安い米を食えということですよ。
この戸別所得補償というのは、減反をしなくてもいいという制度です。支払いを受けなければ減反はしなくてもいいということだから、魚沼のコシヒカリを減反田で目いっぱいつくって、新潟の経済連として中国に送ったらどうですかと言ったら、だれも賛成しなかったのです。いやだと。そこまでしなくていいと。新潟県民としては、新潟のコシヒカリを全部中国に送って、新潟の県民が中国の安い米を食べるような農業というのは必要ですか。いらないでしょう。結局、自分たちが食べるものをつくっているから一緒にやっていこうということになるわけであって、輸出重視の企業型農業は方向が違うと私は思っています。

石塚　司会者の特権で、時間を延長します。いい話になってきました。
しからば、どうしたらいいのか。江戸末期の安政の五か国条約、あれは完全に不平等の条約を結んだ実績です。先の敗戦後、アメリカから脱脂粉乳や学校給食でパンを食べさせられて、自給率が下がったというのは否めない事実だと思うのです。私は戦後生まれだから、敗戦のときのことはわからないのですけれども、おそらく当時は１０００万戸くらいの農家がいて、豊かな山河があったから、食料生産をやったから復興ができたのであって、今は、２６０万人の農家しかいません。販売農家は１６０万です。そのような中でＴＰＰが来たら推して知るべしなので、どうやって阻止の運動論を展開していけばいいかということを、山下さん、星さんの順で、言いたいことは十分おっしゃってください。

国民がＴＰＰを止めることで世界にアピールする

山下　とにかく断固阻止ですよ。できると思います。仮に参加しても交渉のまとめや国会の承認など容易ではない。今の政治・政府ももたないし、あちらが先につぶれるわけだけれども、例えば山田正彦さんたちがやっている「ＴＰＰを慎重に考える会」には国会議員が１８０人も入っています。ＴＰＰに反対しなかったら、次の選挙で全部落ちるわけですから、入るわけです。内閣がむきになっているだけという話ではないかと、私は思います。

ですから、これをもし阻止できれば、日本の歴史上かつてなかったことです。安保闘争に匹敵するくらいの問題ですから、日本の政治というのはふらふらですから、毎年総理大臣が替わるわけです。安倍、福田、麻生、鳩山、菅……と毎年替わっているわけです。政治がふらふらしていて、こんなばかな選択をしたけれども、日本では国民がしっかりしていて、これを止めたと。日本人というのは大したものだということを、世界中へのすごいアピール、メッセージになります。こういうふうになったのも、やはり教育水準が上がって、アメリカが持ってきた民主主義のおかげでございます、アメリカさんありがとうございます、と終わればいいのだと私は思います。そこに向かって団結してがんばるしかないのです。そのあとは、あとの話です。止めたあとはどうするか、というのは別な話です。

星　時代背景としては、グローバリゼーションというか、地球全体が一つの交易市場として自由に展開できるような環境条件をつくるというのがＧＡＴＴ（関税及び貿易に関する一般協定）、ＷＴＯ（世界貿易機関）、ＴＰＰの潮流なわけですが、そういうものから一歩引いて、グローバリズムとは違う、地域の中でしっかりと自立していくという路線を選択し、確立する以外ないのではないかと思います。

端的に言えば、ささかみ農協が中心となり、あるいは笹神地域で今まで長い歳月をかけて築き上げられたような、本当の意味での地域主権と言われるような人間のあり方、住民のあり方、地域のあり方というものを、それぞれの地域の条件に合わせてつくりだしていくということだと思うのです。国家社会といっても、考えてみれば、たくさんの地域社会が集まって、そのトータルとして国をつくっていると思えば、それを構成する一つ一つの地域が内側から変わることによって、否応なしに国も変えていくという流れを新たにつくっていくことだと思うのです。

農業生産も、商品をつくるのだという、100%そういう発想に絡め取られないで、も

笹神地域の夢の谷ファームで石塚さんが手がける有機米

パルシステム生協連との交流イベントのさいに全員集合で記念撮影

有機栽培の田んぼは生物相が豊か。秋になると白鳥が飛来する

う一度、自給、自立という原点に返っていくということです。山下さんは身土不二、地産地消ということで、叫んでいるだけではなくて、地域で実践もされているし、有機農業は嫌いだとおしゃっていますが、やっていることは、30年かけて限りなく有機農業に近づいてきておられるように見えます。

また、北陸農業試験場が遺伝子組み換えの稲の屋外実験をやるというときには、それを阻止するために先頭に立って運動に参加したり、原告団に名を連ねるとか、今度のＴＰＰでも、呼びかけ人の先頭に立って、本当の世論づくりに奔走しておられるわけですから、そういう力というものを、全国至るところで発揮していくしかありません。具体的なモデルというのはここ笹神地域にあるわけですから、それを、それぞれの地域の条件に合わせたかたちで実現していくということなのではないかと思います。

農的社会への道筋～会場での質疑応答～

農業就業者は減るが跡取りはいる!?

石塚　お待たせいたしました。それでは、会場の方々と忌憚のない議論をやってみたいと思います。

山下　私が一番怖いと思っているのは、先ほど石塚さんがおっしゃったように、農林水産省の去年（２０１０年）の農林業センサスの速報値によると、今、全国で農業就業者というのは２６０万しかいなくて、平均年齢が65・８歳です。ＴＰＰを止めても先はないでしょうと言われるのです。だから農業改革だと言われるのです。言うほうは、農村はこれだけ疲弊している、なんとかしてくれということで訴えているのだけれども、それを逆手にとられるわけです。これは用心しなければいけない。そこをひっくり返していかないと展望は開けないと私は思っています。

石塚　農業就業者は２６０万人しかいないのだけれども、潜在的な農家は４００万人いるわけです。

山下　そこまで言っていいですか。農業従事者と農業就業者というのは扱いが違うのです。農業就業者というのは、農業専業か、あるいはほかの仕事もするけれども、農業を主にやっている人で、販売農家は土地が3反以上の田んぼなどを保有しているか、もしくは農産物の販売額が50万円以上になる人です。それ以下は自給的農家、その下のもっと少ない人は、土地持ち非農家という分類で、販売農家で区切るものだから、数がどんどん減っていくわけです。販売農家が自給的農家に変わっていくわけです。だけれども、統計からは減っているけれども、現場にはいるわけなのです。そこのところで、数字だけを見ていると、農業は大変だと思って、10年したらだれもやる人がいなくなるということになるわけです。

しかし、実際そうなるかといったら、ならないですよ。なぜかというと、うちの息子は

農家の定義（総農家、販売農家、自給的農家等のイメージ）

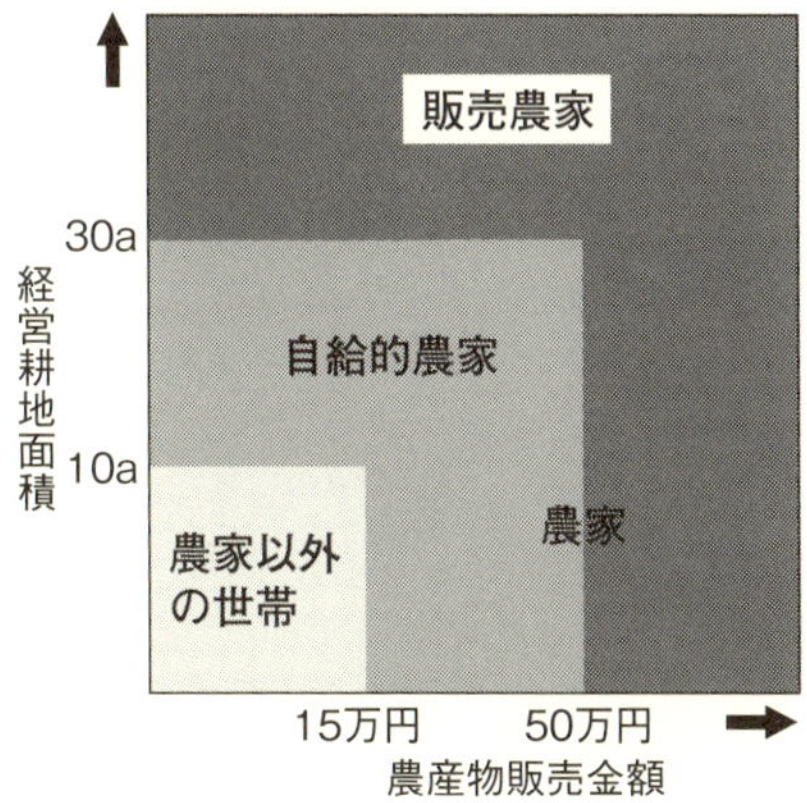

注１：総農家＝販売農家＋自給的農家
注２：農家以外の世帯の一部が「土地持ち非農家」

農家以外で耕地及び耕作放棄地を合わせて５ａ以上所有している世帯。

用　語	定　　義
農　　家	経営耕地面積が10ａ以上の農業を営む世帯、又は経営耕地が10ａ未満であっても調査期日前１年間の農産物販売金額が15万円以上あった世帯。
販売農家	経営耕地面積が30ａ以上又は調査期日前１年間における農産物販売金額が50万円以上の農家。
自給的農家	販売農家以外の農家（経営耕地面積が30ａ未満で、かつ調査期日前１年間における農産物販売金額が50万円未満の農家）。

注：①出典は農水省ホームページ
②農家の分類は、これまで農家所得に占める農業所得の割合による専兼業別分類、農業所得の割合に加えて労働力の保有状況という二つの指標で区分する主副業別分類などが示されている。主副業別分類は下記のとおり。
〈主業農家〉　農業所得が主で、かつ65歳未満の農業従事日数年間60日以上の人がいる農家
〈準主業農家〉　65歳未満の農業従事日数年間60日以上の人がいるけれど、農外所得が主という農家
〈副業的農家〉　65歳未満の農業従事日数60日以上の人がいない農家

今、福岡でサラリーマンをやっていますけれども、農業も家も捨てるつもりはまったくない。百姓だけでは食えないから出稼ぎに行っているだけの話です。そういう人がいっぱいます。我々は農業の後継ぎはいません。しかし、親が死ねば、家と財産と親の貯金通帳だけは必ず取りにくるじゃないですか。それを跡取りというのです（笑）。後継ぎはいないけれども、跡取りはいる（笑）。

国勢調査も農林業センサスも、世帯の調査ですから、そこに同居している人しか調べないのです。うちだと、74歳のじいさんと、69歳のばあさんの二人しか住んでいない。もう10年後はだめだということになるでしょう。だめではないですよ、続きますよ。１００年続く限界集落というのはあるのです（笑）。

昭和30年代のように、あんなに農村に人があふれることは、もちろんありません。人が減りますから。たしかに農家戸数も減るでしょう。しかし、少なくとも、なくなるということはないのだ、これでいいのだという対案を出さないと対決できません。ＴＰＰを止めて、ではどうするのかという話になってきます。そのように私は思っています。

石塚　それでは、会場の方で、ご質問、ご意見、あるいはお二人にこれだけはお聞きしたいということはあるでしょうか。

N　新潟市の飛行場の近くでネギをつくっている農家です。山下さんにお聞きしたいのですが、NHKの深夜便の放送をよく聴くのですが、相手もあることなのですが、そういう放送にいっぱい出られて、全国で啓蒙をはかったほうがいいということが一点と、先ほど、ふらふらした政治ということでしたが、ご自身が政治家になるとか、応援するなどといったことはないものか、あるのだったら、私は応援したいと思いますが、いかがでしょうか。

山下　マスコミのほうは、向こうの都合だけで、お座敷がかかるか、かからないかの問題ですから、かかりませんので、それだけのことです。こんな顔ですから。今のテレビは画面がいいじゃないですか（笑）。

N　ラジオのほうはどうでしょうか。

山下　近ごろは出てくれとは言ってこないです。だから出ません。政治はまったく関心ありません。

清水　この近くで米をつくっている清水です。まずは司会、進行の石塚さんに、今回、ＮＰＯ法人食農ネットささかみ（石塚理事長）が関わり、すばらしい対談企画をしていただいたということで、お礼を申し上げたいと思います。

今、ＴＰＰの問題でそれぞれお話が出ております。私は日本農業新聞や全国農業新聞などを読んでいると、毎日のようにＴＰＰの問題が出ます。しかし、ほかに新潟日報も読売新聞もとっているのですけれども、どちらかというと、読売新聞などはまだまだＴＰＰ容認論のほうが若干強いのではないかと目を通しているのです。先ほども話が出ましたけれども、非常に危惧されることは、こういった大きな政変があったときに、前にも、細川総理大臣になったときに、ミニマムアクセス米（最低限、輸入義務のある外国米）を受け入れざるを得なくなったということがございますし、今回は自民党から民主党に政権が代わったという、まさに大きな時代の流れのときに、降って湧いたようなＴＰＰの問題が発生したということであります。

これは農家である私どもだけがいくら反対だ、どうだと言っても、先ほどから何度も話が出ておりますように、非常に少人数なのであります。いかにして、消費者といいますか、私ども生産者といっても、石塚さんからは、70・2％の自給率を誇っているという話がありましたけれども、私はおそらく、28％しか自給していないのではないかと思います。というのは、生産者でありながら生活者なのです。そういう意味で、いかに消費者の皆さん方、他の生活者の皆さん方と、このTPPの問題をよく理解していただいて、この運動をどうやってもっと拡大し、盛り上げていくかということが、非常にこれからも大切になることだと思うのです。一番感じたのは、2、3日前に大学入試で、携帯でカンニングをしたと。毎日のようにテレビで、どのチャンネルを回してもそのことだけで、新聞は一面トップで取り上げる。どういうふうにしたら、このTPPの問題はこういうリスクがあるのですということをメディアに取り上げていただけるかということを考えれば、このことについては、それぞれの日本国民がもっと理解を深めることができるのではないかと思います。何かいい方法がございましたら、お力添えいただきたいということです。

山下　今ここに、TPPについて、現在、日本で一番詳しいという男が一人来ていますので、運動の現状を少しお願いします。TPP問題をずっと追いかけているジャーナリストの上垣嘉寛《うえがき》君です。

上垣　恐縮でございます。今月で28歳になります、上垣と申します。このたびは、静岡県の三島市からまいりました。山下さんとはカンボジアに行ったり、同行させていただいております。そんなに詳しくはないのですが、今、メディアの話が出ていましたが、反対派が拡大しつつあるというのは、我々の動きで現在追っております。先ほども山下さんがおっしゃっていましたが、山下惣一さん、菅野芳秀さん、天明伸浩さんが共同代表としてやっているものが、今、「TPPを考える国民会議」というところと共同して、市民が我々と一緒になって反対していこうという動きになっています。地方議会のほうなのですけれども、我々みんなが2月26日に集合して、その集会から地域に散らばって、反対議決を出していこうという動きも出してきています。

新聞、メディア等、テレビについては、おそらくもう変わりようがないというのが現状だと思います。社説がすごい影響力というか、記者がどう反論しようが、デスクが代わらないので、デスクを占拠しない限りはできないのだと思います。おそらくメディアの方もおられると思うので、私には言えないところでもあるというか、そこについてはわかりませんが、メディアについては、インターネットメディアだったり、どんどん変わる力を持ちつつあるのではないかと思います。実は新聞記者からたくさん情報が来たりとか、教えてくれたり、私などと20分くらい電話でけんかするのです。例えば大手新聞メディアの人から言ってくるのですけれども、大手新聞の記者は4000人いるとかという話なのですが、それが一部とはいえ、TPPを容認しない新聞記者もそれなりにいて、必ずしも一色ではない、と思っています。僕がそこまでは言えませんが、少しずつ変わってくるのではないかと思いますが、かなり時間が迫っているので、皆さんのところで一人ひとりの暮らしを考えていければ変わってくるのではないかと思います。

山下　世論が変わってくれれば、報道せざるを得なくなるのではないでしょうか。報道せざるを得なくなるようにしていくしかないのです。

上垣　あと一点だけごめんなさい。世論調査というものがありまして、推進派が7割と言われていたのです。それが実は違うという例がいくつかあるのです。宮崎日日新聞というところが世論調査をしたときに、４分の１が推進、４分の１が反対、わからない、知らない、どうでもいいというのが半分いたのです。そこの半分をどう変えるかというのが大きな転換になると思います。わからないという理由をきちんと大切にして広めていくというのが、おそらく我々なり、一人ひとりの役目なのではないかと思っております。

ＴＰＰで食、農、医療、福祉などが壊される

山本　いつもお世話になっています。パルシステム生協連合会の山本伸司と申します。30年以上産直をやってきております。パルシステム生協連合会では、現在、ＴＰＰ反対の決議文をつくっておりまして、反対すると明確に出していくと。それと、全組合員に対する署名活動、１００万人いますので、その署名をやるということで今準備をしています。みなさまの呼びかけについても賛同し、２月26日はとにかく出て、一緒にデモをやると。もう一つは、山田正彦さんや宇沢弘文先生が代表をやる「ＴＰＰを考える国民会議」、これに我々の代表も入り、一緒に取り組むということで、組み合わせてやっております。我々は今、注文用紙を70万部印刷していますので、ここでＴＰＰの特集をやろうということです。「のんびる」という雑誌を出しているのですが、ここでもＴＰＰの特集をやろう

と考えています。

ＴＰＰの問題に関して、いろいろな問題があるのですが、消費者側というか、生協側からまず第一点言いたいのは、２月８日、ＢＳＥの20か月以上のアメリカから輸入の牛を日本の通関が止めているわけですが、これを、今、ＴＰＰ参加国の24分科会の中でやめろということと、我々は遺伝子組み換えに反対しているので、これについても非関税障壁ということでなくするということで、明確に食が変わると。今、アメリカのドキュメンタリー映画で「フード・インク」という、アメリカの食がどうなっているかというドキュメンタリーが全米で大ヒットしたのですけれども、それが日本でも上映されています。「フード・インク」というのは見るからにおぞましい。アメリカの食の現状、子どもたちの健康破壊、これらがものすごく広がっているのです。こういうことに対し、消費者は言いようのない不安感があるのです。

もう一つは、自動車、電気がリーマンショック以降Ｖ字回復して、トヨタもキヤノンもパナソニックも大もうけしているのですけれども、実際に国内ではまったく雇用を拡出していないのです。今、大学生を含めて、働く人たちにとっては就職難です。つまり、今までの大企業をいくら守っても、就職を増やすことも、地域を生かすこともできない。昭和

60年代だったら、大企業が地方におりてくれば雇用を増やしたと考えているのですけれども、今はそんなことありません。むしろ、大企業が地域を破壊して回っていると。イオンが青森を撤退したら、買い物弱者で埋まってくるという構造になっています。特に都市は悲惨です。今、自殺者が一番多いのは30代です。30代の若者が一番死んでいるのです。それはなぜかといったら、仕事がない、夢がない。このことに対して我々は、農業だけではなくて、我々の暮らしが本当の危機に陥っている。その暮らしを立て直すには、食べることと農業というものを結んで、人間が生きるという骨格を、その思想を確立する。それがコミュニティを再生すると考えています。

首都圏のパルシステム生協連合会というのは、今、女性たちが、自分たちの身近な仕事起こしをする。自分たちの直売をやり、市場をやり、朝市をやり、そういうことで無数に仕事起こしを始めています。そして、同時に、笹神と結びついて、交流をやり、笹神地域との産直の中で、笹神も豊かになるし、首都圏も豊かになると。そこでは、市場を通さないかたちでつくりだしていくことが私は可能だと思っています。明日、経済評論家の内橋克人先生が講演されるようですが、特に食とエネルギーとケア、医療、福祉、これの自給をやるためには、このＴＰＰを通してしまったら、医療が壊される、福祉も壊される、労働も壊されるという事態になってくると思っているので、決して農だけの問題ではないととらえています。

石塚　質問というより、激励の意見として承ります。ご紹介します。２・26の仕掛け人の３人のうちの一人で、上越からおいでになった天明伸浩さんを紹介します。デモ行進を一緒にやりましたよね。デモの最中、一般の周りの人は覚めた目で私たちを見ていましたよね。その辺のくだりをご説明いただけますか。

天明　上越市から来ました天明です。２０１０年、ＢＳＥなどの問題でもテレビに出ています。上越の山の中で地域就農して17年目になり、子ども３人と一緒に山の中で暮らしています。今回、ＴＰＰの問題が出てきたときに、全国の仲間が、12月15日に東京で集まりましたが、そのときは山下さんも来ておられて、やはり何かやらなければいけないという話になって、その運動の一つが、２月26日の集会でした。そのときは単なる百姓が集まったりしていたので、どれだけ集まれるのかもわからないで、実際は動員もほとんどかけないで、みんなが電話をしたり、手紙を書いたりとかという中で、４００人以上の人が東京に手弁当で集まってくれました。それも全国各地から、自分で交通費も払って、仕事も休んで集まってデモをしました。

そういうのがすごく大きな力になるのかなと思っています。組織が動員をかけて集まった人間ではなくて、熱い思いを持って、このままではだめだという思いを持って集まったグループだったので、それが今、いろいろなところでその影響が出始めています。実際、そのときの状況もネットでも流れていますので、もし、お時間があったら見てください。名前で検索してもらえば出てきます。現場を見てもらうのが一番だと思いますので、時間があったら、ぜひ見てください。

「今のままでいいじゃないですか」

石塚　さて、会場から手を挙げた方がいます。この方をラストとして打ち切らせていただきます。

高橋　私は、新発田《しばた》市の田舎で自給自足をし、農産物直売所の代表をしている高橋と申します。私たちの集落はみんなで手伝って春、秋、水路掃除をやって水利を確保して、田んぼ、畑をやっています。じいちゃん、ばあちゃんが主体ですので、そこで余ったジャガイモや何かを直売所を建てて役に立とうということで、３年目で、年間、約30万円の収益を集落に落としています。でも、若い人たちは、今の状態でも農業を続けていって、子どもを産んで食べていけるような農業はできないと言っています。ＴＰＰが来ればまさにそういうことになるのでしょうけれども、来なくても、現状の中で若者を呼んで、利水も自然も守り、収入もなんとかしていくという運動を、どうしてつくっていったらいいのでしょうか。その辺、山下さんからよろしくお願いします。

山下　一番早いのは、親が死ぬことです。後取りが帰ってきます。もう一つは、この笹神というところを私は初めて見ましたけれども、これはやはり、今のままでいいのだということの一つの実証例だと思います。基盤整備もしていない。だけれども、堆肥をつくって、循環型社会をつくっているわけです。それで生きているわけだから、結局、変えなければならないという発想に立つからどうにもならないわけで、今のままでいいじゃないですか。子どもたちは都会でやれなくなったら帰ってくればいいわけですから。いま帰ってきたら困るでしょう。

うちも、息子夫婦が一緒に百姓をやっているときは大変でした。こいつは百姓で生きていけるだろうかとか、規模拡大しなければいけないだろうかとか、近代化資金を払えるだろうかと思ったけれども、二人が福岡へ行ってサラリーマンになったから、夜が明けたみたいですよ（笑）。今はるんるんですよ。女房と二人で好き勝手にやっています。自分の人生ですから、あとはあとの人が考えますよ。そこまで割り切っていきましょうよ。今のままでいいのだと。それでやっていけばいいじゃないか、と開き直ったところでしか立ち直っていけないのです。このままではだめだという路線に乗っていくとだめだと、私は思います。

簡素に心豊かに生きていくということ

石塚　もっとやりたいところなのですけれども、時間となりましたので、残念ですけれども、この辺で閉じさせていただきたいと思います。

本日は、ビッグなお二人をお招きして、非常に貴重なお話をいただきました。星さん、最後にお願いします。

星　大都市では無縁社会と言われるような、人間がみんなばらばらになってしまって、最後は孤独死というところに追い込まれるような、非常に情けない時代になってしまったと思います。人間のつながりというもの、その前に人と自然とのつながりとか、あるいは生産者と市民とのつながりなどいろいろとあるのですけれども、それをいかにして回復して豊かにしていくかというところに焦点を絞っていく。経済成長を前提としないと、人間の幸せは手に入らないという先入観というか発想から抜け出してみるということが大事だと思うのです。

つまり、本当の意味での人間の幸せというのは一体なんなのかということを考えると、圧倒的多数の途上国の人々と比較したら、日本の国民は非常に恵まれた、贅沢な暮らしをしているわけです。もう少し公平な視野からいえば、先進諸国の使い捨て消費文明にどっぷり浸かっている人々が、物質的な生活からレベルダウンしていき、簡素に心豊かに生きていくという成熟社会の価値観というものを身につけていく必要があるのではないかと思います。

その点、フランスやイギリスなどの最先端の社会学や環境経済学の中では、脱成長というか、「経済成長なき発展とは何か」という人類的なテーマに向けて、新たな考察や研究を進めているというところが出てまいりました。けれど、オバマのグリーンニューディールにしても、それをもじった日本版グリーンニューディールにしても、大前提として、どうしても経済成長していかなければ人々の幸せは手に入らないという、そこに行き着くのです。そこにとどまっているかぎりにおいては、行き着くところ、結局は地球環境の破壊、自然破壊ということにつながっていくわけですから、その辺まで見通した、新しいライフスタイル、あるいは地域社会のあり方みたいなものを、このＴＰＰの問題を節目に考えてみる、模索し探求してみる、ということが非常に大事なのではないかと私は思っています。

石塚　ありがとうございました。

あいさつ抜きで終了させていただきます。まずは、お二人にもう一回、大きな拍手をお願いします。

第２部

生き方としての農

紅玉などが熟期を迎える（山形県高畠町）

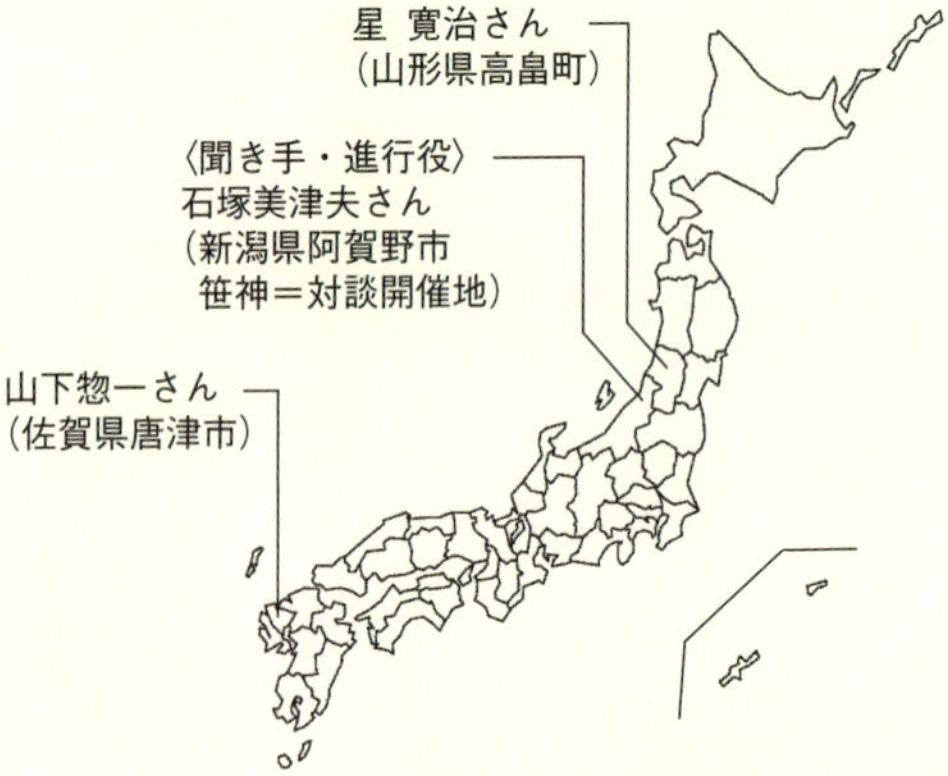

●第２部＝対談開催日
2012年２月12日

農業・農村の発展とは何か

石塚　今、ご案内いただきましたように、本日は、「北の農民　南の農民～ムラの現場から２０１２」と題しての対談ですけれども、実は、２０１１年の３月５日に第１回として開催しているのです。いきさつ、経過を簡単に報告させていただきます。１回目のときにおいでになっている方は、おそらく私の目で見たところでは、14人、15人くらいかなと思っております。いきさつ、経過は、手元にあるこの本なのです。

皆さん、この『北の農民　南の農民』という本をご存じですか。正確には今から31年前、昨年からちょうど30年前に出版されまして、新潟県総合生協の高橋孝さんが、このお二方（山下惣一、星寛治）をお呼びして、30年後にどう日本の農業・農村が変わったかということをお伺いする前提で対談を企画しました。この30年間を振り返って、いきさつ、経過を過去の歴史、それから中間の減反問題、それから現在でのＴＰＰの問題等いろいろお二方からお話し願ったということです。

3月5日の6日後に、東日本大地震と津波、東京電力福島第一原発事故があったわけです。この震災後に日本が、ものすごい勢いで様変わりしたということはご存じのとおりです。震災を経て、日本が変わったことに対して、今またいろいろな問題を提起させていただきます。

今回も、シナリオというものは特段用意してございません。ざっくばらんに話を進めていきたいと考えております。簡単にお二方を私なりに紹介させていただきますと、北の農民星寛治さん。非常に実直なお方でございまして、ロマンチストです。農民詩人であります。南の農民の山下惣一さんは、本当に物おじしない。辛口で物事をとらえて、いわゆるリアリストといいますか、現実派の農民作家の方です。

それでは、お二方から、まずは自己紹介を兼ねていただいて、30年前のいきさつ、経過なども少しだけお話しいただければありがたいと思っております。

では、山下惣一さんからお願いします。

農業・農村の発展とは何かを考え続けてきた

山下　こんにちは。山下でございます。南の農民であります。

佐賀県の唐津というところですけれども、大体どの辺か見当つきますか。私の家から10㎞圏に九州電力の玄海原発があります。原発の10㎞圏に私が住んでいるのではなく、私の家から10㎞圏に原発があるわけです。正直言ってひどいところでして、かつては佐賀県のチベットと呼ばれていました。玄界灘に面して北向きの村なのです。そう言えば、ここも北を向いていますね。標高50〜60ｍの台地が玄界灘に突き出ていまして、台地が玄界灘に落ちた斜面が田んぼで、上が畑で、海のそばに家が集まっているという地形であります。

昭和の大合併前の村の中心地ですから、集落は大きくて、漁師が３００戸、百姓が３００戸という大集落であり、農漁村として６００戸くらいが一緒に固まって生活しているところです。地元では農業集落を「岡」、漁業集落を「浜」と呼びます。「岡」の３００戸の中で農家は今、１２０戸くらいです。平均耕作面積が、田が8反、畑が5反、田んぼの8割が段々の棚田というところです。そこで、農家の長男に生まれ、2回家出しましたけれども、2回ともつかまりまして、それから仕方なく希望に燃えて農業をやってきたわけです（笑）。

私は、農業というのは職業ではないと思っています。職業というのは自分で選択しますよね。ふるさとというのは選択できません。自分が生まれたところがふるさとになり、しかも農家の場合は、そこが職場になるわけでしょう。もともと、このスタートからしてほかと違うのです。だから、私にとっての農業問題というのは、そういうところでどうやって生きていくかということ以外にないわけです。そういう場所で、百姓で生きながら、いろいろなことを言ったり、書いたりしてきました。

私は今年、5月の誕生日で76歳になり、後期高齢者です。私たちの若いころは、農業・農村の近代化ということが盛んに言われて、星さんも一緒に同時代を生きてきたわけです。若いころ、山口大学教授で農村社会学の山本陽三という先生がいました。その弟子が熊本大学の徳野貞雄教授（「道の駅」命名者）なのですけれども。陽三先生が、うちの村によく来て、私どもはよく鍛えられたのです。「お前な、若い連中ががんばらなかったら、この村は近代化に取り残されてしまうぞ」と。「お前たち、元気出さなければだめだ」と、いつも発破をかけられるのだけれども、どうしたらいいのですか。地形が変わるわけではないし、棚田が平地になるわけではないし、どうしようもないじゃないですか。20年くらいたっても全然変わらなかった。今も基本的には変わっていません。

20年後、法政大学経済学部の大島清先生と往復書簡をやり、それを『それでも農民は生きる』（家の光協会、1977年）にまとめています。そのさい、大島先生が見えたので、私は案内したのです。山の上から棚田を見下ろし、集落の向こうに海が広がる風景を眺めながら大島先生が、「近代化の波にあらわれていないすばらしい村ですね」とおっしゃったのです。評価がまったく逆転したわけですよね。

それ以来、ああいう学者先生の言うことは一切信用しない。我々は、いつも外の目を意識して、そこからどう見られているとか、そればかり意識してやっていたということが根

ブドウ（キャンベル）を栽培していたころの山下さんと妻の須美子さん（1975年）

集落は玄界灘に突出した台地にあり、玄界灘を見わたすことができる

ミカン畑で作業の手を休め、談笑する山下さん夫妻

本的な間違いではないか。私はここで生きていくという自分たちの考え方、論理というものに気づかなかったら、世の中から振り回されてしまう。農村の現状はそうではないかと思っているのです。

今でも発展という言葉を使いますよね。農業・農村の発展とは何かと、ずっと考えてきました。人口が増えて、物と金の流通が増えて、経済的に豊かになる。つまり農村が街になることを発展というように漠然と考えてきたわけです。その結果が農村の現実になっているわけだから、発展という考え方も考え直さなければいけないと思っているわけです。

極早生種の温州ミカン。木成り完熟で箱詰めしたもの（2012年12月初旬）

雪国に来ると、私は、雪があってうらやましいといつも思っています。仕事しなくていいですから。雪のないところは忙しいですよ。わが村では、1月30日に葉タバコの種まきをやりました。イチゴ農家はイチゴの収穫の真っ盛りです。わが家もミカンと白菜を出荷しています。ただ、忙しくて、こういった会合をしてもだれも来ないです（笑）。そういう点では、皆さんは恵まれています。仕事をしなくていいから、こういうところに集まっているのです。盆と正月も一緒に来るのだから。一生は一生だ。豊かさを豊かさだと思って暮らすということが一番大事ではないかと思っています。

石塚　ありがとうございました。若干反論しますけれども、実は雪があっても忙しいのです（笑）。屋根の雪下ろし、住まいの雪かきや道路の除雪とか。全然お金にならないです。さらに冬場ならではの農産加工などがあります。

それはさておいて、では星さんお願いします。

近代化の矛盾から有機農業を目指して

星　皆さん、こんにちは。山形県の高畠町というところに住んでおりまして、ずっとそこに根っこを張って、今まで百姓一筋にやってまいりました。私のところは今、１m半くらいの豪雪の中に埋もれております。ただ雪が多いだけではなくて、ものすごく寒さが厳しくて、隣の米沢市でマイナス17度という低温を記録いたしました。その日の高いほうの温度でもマイナスですから、つまり真冬日というのがずっと続いてきましたので、降った雪が全然消えないで、氷のような状態になってしまっているというのが現状であります。

すでにリンゴの樹の雪下ろしを2回くらいやりましたが、ブドウの一大産地ですから、ブドウ農家は3回から4回くらい雪下ろしをしています。放っておくと、棚がつぶれてしまうものですから、冬の間、何もしないでいいわけではありません。雪との闘いに息を抜くことはできませんので、この辺は大変つらいところではあります。

実は、昨年も石塚さんの舞台回しで新潟県総合生協とJAささかみの全面的なバックアップをいただいて、この会場で対談をさせていただきました。お話のように、その6日後に1000年に一度という東日本大震災が勃発したわけです。この会場では、そういったことは夢にも思わないでうちに帰りました。

私は、1973年に、地域の若い農民が40名近く集まって、有機農業研究会というものを立ち上げました。私が、30代後半でしたから、一番年頭だったと思いますが、今で言えば大学生の世代の農民たちが近代化の矛盾に気づいて、それを何とか乗り越えようとして、もう一つの道を歩み始めたのが70年代の初めころです。それから、ほぼ40年たちました。本当に変わり者扱いされながら、最初のうちは数倍も、場合によっては10倍も労力をかけながら作柄も半減するというような、大変厳しいスタートでありました。それでも若さと、40名という小さな集団であっても、組織の力みたいなものが、さまざまな圧力をはね返し、次第に成果を上げて、徐々に地域の中に広がってきたという経過をたどっているわけです。土づくりに精出して、3年目、冷害を克服して平年作を手にすることができました。その後、4年続きの冷害が襲ってきたのですが、それもほとんど克服して作柄を確

有機栽培に切り替え、39年目の田んぼ（2012年9月末）

「さまざまな圧力を乗り越え、次第に成果を上げてきた」と振り返る星さん

重量感のある稲穂は、病気に強い品種のササロマン

保しました。化学肥料や農薬や除草剤を使わなくても、一定の安定した収量を上げられるようになるまでには、ほぼ10年の歳月を費やしました。それまでは、自分自身との闘いがありましたし、地域社会からの有形無形の半ば村八分的な圧力も加わってまいりました。

もう一つは、国の進める近代化農政といいますか、それと対峙するという三つの闘いを同時並行してやってきたわけで、10年間というのは大変困難な時代ではありました。でもようやく安定した成果を上げられるようになって、地域社会からも、なるほど、そういうやり方もあるのだなというように認められるようになった。つまり市民権を与えられるようになったというわけです。『北の農民 南の農民』が出版されたのは昭和56年（1981年）です。その次の年にちょうどスタートして10年目に、高畠町で日本有機農業研究会の第8回全国有機農業大会が行われました。全国各地から800名くらい集まってくださったのですが、そこで掲げたスローガンが、「地域に根を張る有機農業運動」というのでした。少数の志を持った農民だけが歯を食いしばってがんばっていても、その段階だけにとどまっていると、なかなか地域全体に広まっていかないのではないかと考えたからです。

一方で10年余の成り行きをじっと見ていた地域の人が、自分たちもできるならやってみたいなというようなうごめきが徐々に80年代に高まってきました。そういううごめきをキャッチして、それまで十何年蓄積したノウハウを全部つぎ込んで、新しい地域ぐるみの有機農業集団を立ち上げるべく、産婆役みたいなものをやってきたのです。それがかたちをなしたのが最近有名になってきた、上和田有機米生産組合であります。私の住んでいる和田地区というところは中山間地帯ですが、そこにほぼ地域ぐるみで、新たな集団が誕生したのが1986年の年でした。

収穫期間近の中生種のリンゴ（品種は涼香の季節）

新たな有機農業を目指す地域集団は、農協青年部とか、あるいは農協のさまざまな生産部会に所属している人たちで、いわゆる30歳代の中堅世代が機関車となって立ち上げて、動き出した集団でした。しかも有機農業研究会の会員がこれまでの経験を生かし、失敗をさせないようにと、最初からさまざまなアドバイスをしてまいりましたので、初年度から極めて順調に、現場に密着した生産活動を展開することができました。

ただ、そこに一つのポイントがありました。農薬も除草剤も使わない、完全有機でやるということになると、これは大変な除草労力がかかります。その高い垣根を越えていける人というのは限られてくると考えられました。そこで初期の除草剤、ダイオキシンなどが含まれていないものを選んで、一回だけ使うことを認め、今で言う特別栽培とか、環境保全型農業と言われるものからスタートしたのです。

しかし、少農薬・有機栽培と銘打っていたのですけれども、それは除草剤一回のことであって、化学肥料も農薬も全然使わないかなりレベルの高い栽培基準をつくって、そこに農協が全面的に支援していただけたという幸運も手伝いました。そうして、地域社会、中山間地帯に有機農業と新しい村づくり運動が広まっていきました。激動する時代に切り結び、私どもは前を見つめて四苦八苦しながら生きてきた。その証が『北の農民　南の農民』の中で往復書簡を交わした時代の一つのドラマであります。

有機農産物による提携

石塚　往復書簡集の『北の農民 南の農民』を今、読み返してみても、農業に関する問題意識というのは、この30年間ほとんど変わっていないというのがわかります。それだけ、今の農政問題が、まだ混沌として問題を抱えているということだと思うのです。

今、星さんから、上和田有機米生産組合というお名前が出ました。実は、この中でも、おそらく視察に行った方がおられると思います。笹神地域が減農薬に入ったいわゆる師匠というのは高畠町なのです。ちょうど30年くらい前に、上和田有機米生産組合のところにお伺いして、そのときに星さんと私はちらっとニアミスでお会いしたのが、実はきっかけです。その後、堆肥センターをつくるために、高畠町にある米沢郷牧場を何度もお伺いしたといういきさつもあって、有機農業の師は高畠と認識しております。

片や今、農法の話がちらっと入りましたので、コメントを山下さんからいただきたいのです。前回（第1部）も触れていますけれども、山下さんは、どちらかというと、有機に対してはいささか冷ややかな目で当時は見ておられましたよね。今はどういうお考えですか。逆に山下さんは、地元で地産地消というものを農産物直売所というかたちで、今、全国各地に開設され、にぎわっていますけれども、かなり早くから地元で手がけられています。その辺のくだりをお話しいただけますか。

農業は有機農業だけじゃない

山下　私は、有機農業という言葉が好きではないのです。そもそも農業は有機だけでも、無機だけでもない。だって無機農業ってありますか。それをあえて有機農業と区別して、あたかも無機農業があるかのような風潮を広げていったという意味では、私は普通の農業に対して、非常に犯罪的だとさえ思っています。

田んぼの除草、草取りを昔は3回やったのです。除草機を2回押して、最後は手取りです。一日じゅう、うつむいて草を取って、顔がむくんで、汗にまみれた体をブヨが刺してという経験をしていて、除草剤でそれがなくなるのだから、こんなありがたいものはないじゃないですか。とりわけ農村女性を重労働から解放してくれた功績は大きいですよ。腰の曲がった女性が少なくなったのは除草剤のおかげです。それをあえて否定することはないよということが一つありました。

都会の連中は、マンションで暮らして、エアコンをつけて、非常に自然から隔離された快適な環境で暮らしながら、百姓には這って草取れとか、農薬を撒くな、と。過激な言い方ですが、ふざけたことを言うな、と、こいつらに農薬をうんとぶっかけて食わせろ、と思っていました。今ではうちのほうも減農薬です。コシヒカリを九州でつくると極早生種になるため、4月下旬から5月上旬の田植えになります。稲刈りが8月下旬から始まります。「早場米」になるわけですね。西南暖地の稲作で一番問題はウンカなのです。ウンカの被害が出る前に稲刈りすると無農薬でやれます。何も農薬をかけないです。一回、除草剤撒くだけです。それでも、これを無農薬とか減農薬栽培と言おうとは思わない。

それから、生協のおばちゃんも嫌い。昔ですよ、今じゃないですよ。先入観があったのかもしれませんが、生協のおばちゃんスタイルというのがあって、髪はばさばさにして、化粧しなくて、口紅など塗らないで、ジーパンはいて、忙しくもないのに忙しそうに駆け回って。無農薬の野菜をつくれませんか、無農薬で米をつくれませんかとやたらと言うのです。これが不愉快でしたね。

亡くなった井上ひさしさんが、山形市の近くの川西町というところで生活者大学校というものを毎年、もう23年やったのでしょうか。井上さんが校長で、私は教頭になったいきさつは前回（第1部）でも話しましたが、東京から来た受講生のみなさんが、無農薬で野菜をつくれとか、米をつくれとか、私に言うわけです。

農薬をかけて一番被害を受けるのは俺たち百姓だ。農薬を使わなければあなたたちは買わないじゃないか。だからやむなく使っているんだ。被害を受けるのはこちらで、あなたたちは大した被害を受けないのだ。こちらは命がけでつくっているのだから、あなたたちも命をかけて食え、と言ったのです（笑）。井上さんがイスから落ちるほど笑って、それで教頭をやってくれといわれたのです。

生活者大学校は、井上さんが故郷の山形県川西町に蔵書を寄贈されたことを記念に「生活者の視点で自らの暮らしをもう一度、見詰め直そう」と提唱されて1988年から始まったもので、年に1回、受講生を募集して開講されているものです。私は井上文学のファンではなかったのですが、井上さんは一貫して農業、農民の側に立ち、とりわけ「コメ自由化」問題では「オール讀物」「小説現代」などで、農業以外の人たちに向けて反対の論陣を張っておられ、百姓の強い味方でしたね。

これも前回（第1部）話したとおりですが、1993年（平成5年）の大凶作のとき

遅筆堂文庫生活者大学校テーマ一覧

校長　井上ひさし　　教頭　山下惣一

第１回『農業講座』（1988年8月15日～18日）
第２回『宮沢賢治・農民ユートピア講座』（1989年4月29日～5月1日）
第３回『地球と農業』（1990年8月17日～19日）
第４回『続・農業講座』（1991年8月16日～18日）
第５回『「協同」から暮らしのあり方を考える』（1992年8月15日～17日）
第６回『地域から文化を考える』（1993年8月14日～16日）
特別講座（秋期講座）『図書館を考える』（1993年10月30日～31日）
特別講座（春期）『子ども・本・図書館』（1994年6月4日～5日）
第７回『農民と芸能』（1994年8月14日～16日）
第８回『水と土の文化』（1995年8月14日～16日）
第９回『水と土の文化／都市の責任・農村の責任』（1996年5月4日～5日）
第10回『憲法とは何か』（1997年4月26日～27日）
第11回『競争と共生』（1998年4月25日～26日）
第12回『憲法とは何か　パート２』（1999年4月24日～25日）
第13回『ひょっこりひょうたん島』（2000年9月15日～17日）
第14回『グローバリゼーションとは何か』（2001年11月17日～18日）
第15回『ファーストフードとスローフード』（2002年11月23日～24日）
第16回『まるかじり日本経済～年金・銀行・そして日本経済～』（2003年11月22日～23日）
第17回『地域・スポーツ・文化』（2004年6月26日～27日）
第18回『教育と食』（2005年6月25日～26日）
第19回『ボローニャと川西町』（2006年9月16日～17日）
第20回『しごとと憲法』（2007年12月8日～9日）
第21回『おいしい餃子の作り方～日本の食糧を考える～』（2008年7月19日～20日）
第22回『格差社会を考える』（2009年11月21日～22日）※中止
第23回『農村から生命を考える』（2010年11月27日～28日）
第24回『吉里吉里人に学ぶ生産地の再生』（2011年11月12日～13日）
第25回『TPP（環太平洋連携協定）を考える』（2012年11月10日～11日）

に、初めて生協から講演を頼まれて、生活クラブ生協神奈川というところへ行きました。若い女性たちが、山形の遊佐の米を食べていたのですが、凶作で手に入らない。ならば、米は食わない。あそこの米ができるまで食わない。こういう人がいっぱいいた。こういうのを普通、教条主義というのです。ああ、日本にはこういう人がいるのだと思った。それも怖いことは怖いけれども、タイの輸入米など食わないという人がいて、生協というのは本当の意味で百姓の味方なのだなと思った。それで前非を悔いまして、今、私は生協のおばちゃんが大好きであります。

石塚　今は生協のおばさんが大好きだそうです。

もう一つ、山下さんからお聞きしたいことで、有機農業で入り込めなかった理由というのは、ミカン農家と同時にタバコ農家なのです。タバコというのは、必ずしも健康によくないじゃないですか。タバコ農家なのに有機農業をやってなんぼのもんだというところから、有機農業に入り込めなかったということも、実はお聞きしております。星さんは、逆に地域ぐるみで、新潟の谷美津枝さんなどと産直を始めたし、たまたま星さんも、今年は国際の協同組合の年ですよね。生活協同組合も農業協同組合も同じ協同組合。協同組合の理念というのは、片一方で運動があり、片一方で事業といいますか、生産活動、あるいは消費活動があるというように、実は事業と運動体が兼ね備わっているのが、本来、協同組合の本質だと思っているのです。

ところが近年は、生産者側の農協というのは生産だけ、消費者側の生活協同組合は消費だけ。そこでいわゆる運動論がだんだんなくなりつつあったのではないかと、実は考えているのですが、その辺、高畠町における地域ぐるみの活動といったものをお聞かせいただけますか。

産直ネットワークの広がり

星　3年目の正直で冷害を乗り越えて平年作を確保したと申し上げましたが、その成果を東京で消費者運動をやっておられる主婦のリーダーの方々が連れ立っておいでになったのです。有吉佐和子さんの新聞小説「複合汚染」の影響もあったのだと思うのですが、現場においでになって、じっくりとご覧になる中で、農家が自給して余ったものであれば、少しでもいいからぜひ分けてほしいという強い要請を受けました。それがやがて「顔の見える関係」という合い言葉のもとに、ネットワークとして全国に広がっていく一つのきっかけになったなと思います。その段階ですでに谷さんの新潟消費者センターは、産直の日本の先駆けでした。やがて消費者グループとのネットワークは、首都圏から関西まで広まっていくにしたがって、市場、流通というものを通さないでもしっかりと消費者の台所に届けることができるという方法があるということに気づきまして、双方でそれを積極的に広げる努力をしたわけです。

当時、米の産直については、まだ全国でどこも事例がありませんでした。幸い、自主流通米制度というものが打ち出されて、それに乗せることによって、ＪＡ（農協）の系統を通して、首都圏の経済連、単協、それから消費者グループというように届けることができるということがわかりました。東京都内では、ＪＡとか、経済連が販売権を持っていませんので、そこは米穀会社を通して、小売店、そして消費者グループというルートで実現しました。ただ、10年間くらいは生協との取り組みというのはまだだったのです。上和田有機米生産組合が誕生して、量的にも一定の数量をカバーできるという段階で、やはり志を同じくする生協とか、あるいは中規模のスーパーの自然食品売り場とか、そして地場産業に提供するというさまざまなルートを生み出すことができたのです。そこが一つのポイントになってきたと思います。生産面では、地域の力だけではなかなか広がっていかない。

高畠町で首都圏や関西の消費者グループとの現地交流会を開催。稲刈り直前の田んぼで、全員集合の記念撮影（2010年）

自分たちが、心を込めてつくった作物というものを消費者のもとに自信を持って届けるという、新しい流通のルートというものができあがってこないとだめだと思います。

そういう多面的な産直を上和田有機米が始めたわけです。すでに高畠町有機農業研究会の産直提携は10年間で、関西や四国まで広がっておりましたが、その先鞭をつけていただいた方々に、地域の中で、新たに販路を開拓していただくというようにお願いして、小さな生協であっても、非常に熱心な大阪の生協なども取り組むことができるようになったのです。そして、2年目から生協とか、消費者グループとか、お米屋さんのほうから除草剤を使わない完全有機のものも、ぜひつくってほしいという強い要請を受けまして、一部分からでありましたけれども、有機米生産組合のメンバーが、無農薬有機米づくりに挑戦するようになっていきました。次第に有機の面積が増えてきて、今は4割以上の田んぼで有機栽培が行われる段階までレベルが高まってまいりました。ですから、生産者と消費者、都市と農村との連携の中で、初めて地域に広めることができたと思っています。

山下さんは有機農業は嫌いだとおっしゃいながら、考え方も実践も、我々のあり方というか生き方にどんどん近づいてこられたなと思えます。

私は、ここにもお見えになっていますが、新潟消費者センターのみなさまと三十数年くらいの長いおつきあいがございまして、提携と交流の中から、大変たくさんのものを学ばせていただいたのです。なかなか農業の現場で今まで知らないでいたこと、気づかないでいたことを、きちんと学習の中で得られたものを私たちに正確に伝えていただく中で、どんどん目を覚まさせていただいたという経過がございますので、長い歳月、提携という関係を通して共に歩いてきた、共に生きてきたという実感を持っております。

山下さんは、例えば、遺伝子組み換えイネの反対の先頭に立って裁判闘争などもやられますし、地元の唐津市では、よく言われるようになった地産地消の先駆けとして、農産物直売所をお母さん方と一緒になって開設したり、あるいは、加工を手がけられたりして、そういう地域づくりに情熱を注いでこられたという姿を知っているものですから、大変頼もしい限りだなと思っています。

山下　星さんにそういうことを言われると私は困るのだけれども、目指している山の頂上は同じなのです。登り口が少し違うだけですよ。そして目指す頂上が同じなら、登り口はいくつあってもよい。いや、多いほど多くの人が参加できる。ですから星さんと私は、結局同じ方向を目指して同じことを言っているのだと思っているのです。

コインの表と裏のようなもので、星さんが表で私は裏。合わせて一つの農業観だし、理屈になっている。だから、この人とやると私はいつも損ばかりするのです（笑）。皆さん、星さんが大好きですよ。私はこんなことを言うから嫌われますよ。しかし、こういう意見だけではない、星さんみたいな立派な人だけではないのです。普通の百姓でも一緒にやっていけるような運動であってほしいと私は思っています。

東日本大震災と原発事故

「がんばろう日本」ではなく「変わろう日本」に

石塚　いろいろお聞きしたいことがいっぱいあるのですけれども、やはり避けて通れないのが、今回の東日本地震以降の原発問題です。話をそこに持っていきたいのですけれども、例えばエネルギー問題なども含めて、私が、まず知ったのがテレビの映像です。すごいショックを受けたので、その辺の映像を見てのくだりとか、とりわけ国の対応なども非常に遅れに遅れたものもありましたし、国の批判だけをしていてもだめなので、私たち自身が何を反省し、どう切り替えればいいかということも含めて、エネルギー問題なども含めて、その辺の話題をコメントいただけますか。山下さんからお願いします。

山下　長い目で考えてみれば、農業・農村がこれだけ疲弊して、人がいなくなったというのは、経済成長についていけないからなのです。経済成長が続く限り、農業・農村はずっとこういうかたちで、だれもいなくなっていかざるを得ないわけです。これを成長ではなくて循環というように変わっていかないと、とてもではないがだめだろうと思っていました。今は、成長したって、その果実は一部のところに集中して、必ずしも全部に回ってこないということは明らかになっていますので、何かそういうきっかけがないかなと、私はずっと思っていました。

震災のときは、ミカンの剪定に行って、帰ってきて、昼飯食って、電気コタツの中で休んでいて、女房がテレビをつけたら、まさに津波の状況があって、あれは大変衝撃で、しかも被災地が農山漁村という、私たちと同じところがやられているわけですから、神戸の震災のときは違うのです。腰が抜けるほどの衝撃でテレビに釘付けです。本当に何もする気がしなくなって、私は2日間寝込んでいました。

直接被災された方は逃げるので精いっぱいでしょうけれども、我々は逃げる必要がないから、それを見ているわけです。あれは、見ているほうも打ちのめされますね。一番感じたのは、自然災害、自然の力に対して、人間なんてなんと弱いものだろうかということが一つ。それから、いわゆる「がれき」というものが、結局、ほとんどは文明が生み出した物質なのです。建物にしても、車にしても、テレビにしても、冷蔵庫にしても。これががれきになっているのです。つまり、がれきをつくるために、人々は一生懸命汗を流して、それを買うために、がれきのために、みんな自分の健康も犠牲にして働いているのではないか。何をやっているのだろうということを、一番感じました。これで、日本が変わる、変わらなければいけないという声が、当時は非常に高かった。東京方面でも変わる、と言っていましたからね。

あれから1年たつわけですけれども、私が一番気に入らなかったのは、「がんばろう日本、がんばろう東北」というスローガンでありまして、がんばろうというのは、私の解釈では、どうしても早く元に戻って同じ道を一日でも早く踏みだそう、という意味と捉えてしまうのです。だから、がんばろうではなくて、「変わろう」でなくてはいけないはずだったと思います。

それなのに、今でもがんばろうですから。おそらく原発を輸出する。TPP（環太平洋連携協定）を入れる。また、従来の経済成長路線を歩めば、3年くらいしたら、みんな事故のことを忘れますよ。新しいことが起きてきますからね。私は、「がんばろう」ではなく、「変わろう日本」と考えている人たちと一緒に動きたいと考えています。

悪戦苦闘しながら次の時代に向けて闘っている

石塚　続きまして、星さんにも東日本大震災、原発事故についてお話し願います。

星　実は、高畠町のとなりに川西町というところがありまして、純農村地帯なのですが、井上ひさしさんという大作家、劇作家は川西町の出身なのです。それで、自分のふるさとに今では二十何万冊の蔵書を寄贈されて、遅筆堂文庫というものをつくっておられます。その舞台回しを山形こまつ座というところがやりまして、毎年、生活者大学校というものを開いておられるのです。井上ひさしさんが校長で山下さんが教頭です。それで、1年に1回、必ず、二泊三日くらいの日程で遅筆堂で行われるのですが、今では川西町フレンドリープラザという大変立派な劇場もできております。

その井上ひさしさんが亡くなられて、あの段階でちょうど1年たったものですから、山形新聞でほぼ1ページ使って特集を何回か組みたいということで、ぜひ、「井上ひさしさんと農業」という切り口でもって書いてほしいという要請がありました。そして遅筆堂文庫に行って、館長の阿部孝夫さんからいろいろ伺い、資料をもらったりして、車で高畠町へ帰る途中、ちょうど駅の南の踏切を渡ろうとしたときにぐらっと大揺れが来たのです。それで、このまま踏切を渡っていいものかどうか、一瞬たじろいだのですが、その手前で止まってもと思いまして、そろそろと渡っていきました。しかし、その大揺れはとんでもない揺れでしたので、そのまま車を運転することができず、50mくらい行ったところにNECの高畠工場があったところ、すでに台湾の企業に身売りしているのですが、そこの駐車場の脇に寄って、そこで、今まで経験したことのないような大揺れをじっと耐えて待ちました。

やっと、家に帰って、とんでもないことが起こった恐怖と不安に直面しました。家内が一人留守番をしていて、家の中にじっとしていていいものか外に行ったらいいものか迷いながら、玄関の中で震えながら耐えていたというような状態だったようです。その後のことについては、そこで時計が止まってしまったような状態で、逐一報道されるような状態になだれ込んでいったわけです。それが地震に遭遇した場面です。

3・11後、日本人の意識というのは思い切って変わったと思います。あの空前の衝撃というのは、日本人の精神構造の随分深いところまで突き動かしたのではないかと思っています。1年近くたって、山下さん、ご指摘のように、意外に変わらない部分もあるというように思いますけれども、でもやはり人間の本音のところで3・11前の延長ではあり得ないと心底思っていると思います。私は、遅ればせながら、南三陸町とか、釜石市とか、仙南（宮城県南東郡）の穀倉地帯、名取市などにも足を運びました。また同時に、地震と津波が引き金になったとは言いながら、想像を超える東京電力福島第一原発の大事故が覆い被さってきたわけです。

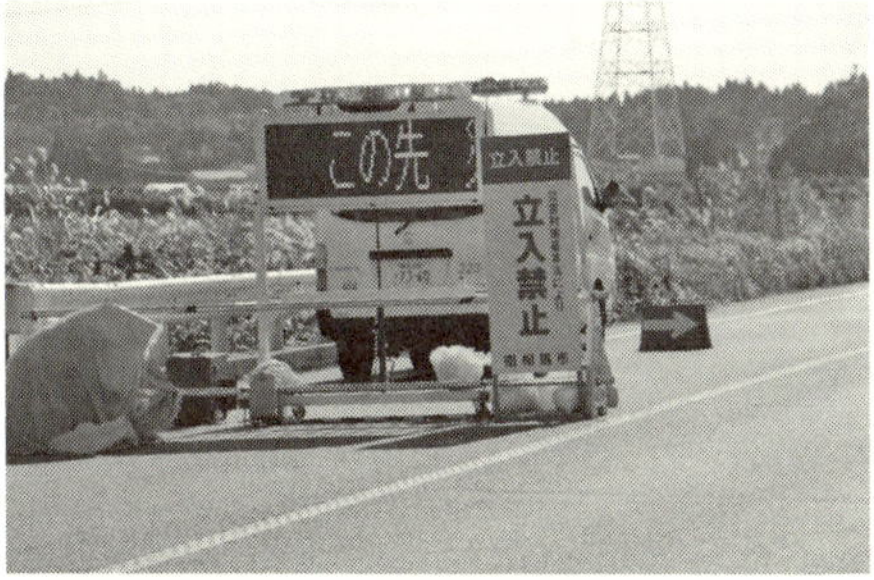

東京電力福島第一原発から20㎞圏にある立入り禁止の境界線（福島県南相馬市）

1、2階が破壊されたまま、かろうじて立ち尽くす家屋（宮城県気仙沼市）

田んぼの中に横倒しになったままの漁船（宮城県気仙沼市）

その直後から福島県浜通りの住民が続々と吾妻山《あづま》を越えて、山形県に避難されてまいりました。ほとんど南相馬市と浪江町の方々でありました。その対応に行政と住民が、それこそ一体となって、全力をあげて取り組みました。私の町でも避難所を3か所くらい設けて、できるだけ寒さをしのいで、ひもじい思いをしないようにと、それこそ懸命に対応したわけですが、それは未曾有の大災害と原発公害に遭遇した方々への後方支援です。

同時に、それぞれのつながりを通して、行政やいろいろな団体の職員、そして個人的にも、宮城県、それから岩手県の大被災地のほうに出向き、炊き出しとか、がれきの撤去とか、いろいろなかたちで、今でもずっと支援活動を続けています。しかし、基本的には、比較的被害の少なかった山形県に避難されている方々をお世話するということが、県民の役割ではあったわけです。

そして、一次の緊急避難所は4月いっぱいくらいで大体役割を終えた後も、定住を希望される方も少なからずありました。さらに二次避難というかたちで、随分遠くまで、関西とか、九州あたりまで、福島県民がいろいろなつてを通して避難されたのです。しばらくして、夏休み直前くらいから、今度は福島中通りの皆さん、特に若い子どもさんを持っておられるお母さん方が、福島市とか、二本松市、郡山市あたりから次々と、自主避難というかたちで山形県に移住してきたのです。

その対応は、まったく最初の緊急避難とは別の次元のものでありますが、公営の住宅、雇用促進住宅とか、あるいは民間アパート、旅館あたりまで全部満杯になるというような状態でした。米沢、置賜《おきたま》地域だけではとても抱えきれないような状態になって、山形市とか、県内全体に行かれるようになったわけです。今では、県内に1万3700名くらいの避難者が暮らしておられますが、ほとんど9割以上は福島県民の方々であります。それを県と市町村と、地域住民が一緒になってお世話をしているというのが現状です。

しかし、中通りといっても、ほとんど雪の降らないところの方々ですから、豪雪の中での暮らしというのは初めてです。本当に大変だと思います。そこは地元の人たちがボランティアで懸命に支えるというかたちで、いろいろな交流の場をつくりながら、今のところはしのいでいるという実態であります。そして、若いお父さん、お母さんと子どもさんが移住されて、しかし福島に職場を持っておられる方がかなり多いわけですから、親たちは米沢から通勤で福島まで通って仕事をして、また、帰ってこられるという事例がかなり多いと思います。例えば、浪江町から移住された造り酒屋は蔵が全部流されてしまったわけですが、酒造りへの志を捨てず、山形県長井市の操業をやめた酒蔵を借りて、そこで浪江の伝統的な「壽」という銘柄を復活した若い兄弟の奮闘の物語があります。そのようにさまざまなかたちで悪戦苦闘しながらも、次なる時代に向けて、皆さんは闘っておられると思います。

山下　星さんの話を聞いていて思い出しました。自然災害と原発事故は、切り離して考えなければだめだと思います。一括りで3・11ですからね。自然災害はどうしようもないです。立ち直るしかないですよね。これはもう、がんばろうでいいのです。祖先たちもがんばって、今があるわけですから。しかし、放射能汚染でがんばろうと言われても、どうがんばればいいのですか。こちらは、がんばろうと言ってはいけないと思うのです。そこのところを一緒にされているのは、どうも気に入らなかったので、星さんの話を聞いていて思い出しました。

星　それはちゃんと区別しないといけないのです。原発の大事故は明らかに人災だし、梅原猛先生の言葉を借りれば文明災だと思います。まさに急成長を遂げてきた現代の科学技術文明と産業社会が、完全に破綻の入口に立ったといえます。ほとんど破綻しつつあるということを裏書きしているのであって、そこからどのように立ち上がっていくのかということは、非常に困難な問題があると思います。

後ほど申し上げますが、福島県二本松市東和地区で有機農業を実践している菅野正寿《すげのせいじ》さんたちが、土を耕すという本来の取り組みを通して、土壌中にすでに降ってしまったセシウムなどが作物のほうに移行するのを最小限度に押さえ込むことに取り組んでおり、注目されています。それは新潟大学の野中昌弘教授などとの科学者と地域の農民との協働の調査と研究の中から、はっきりと立証されている一つの希望だなと思っています。

原発を止めなければならない

山下　私は、次女が東京にいて、中学1年生と小学5年生の娘がいるのです。今の人はインターネットなどで世界の情報が入ってくるものだから、政府の言うことよりもネット情報を信じる。原発の事故の後、アメリカ政府は、すぐアメリカ人に80㎞圏外に逃げろと言って、あのときは外資系の企業が関西のホテルを全部押さえたのです。枝野官房長官（当時）が、ただちに健康に影響があるものではありません、と同じことばかり言うのですから、もう政府の言うことは信用できない。うちに、春休みの期間、娘を預かってくれと言ってきたのです。二人で来て、私が駅まで迎えに行ったら、まるで昔の学童疎開です。東京が危ないと、はるばる九州へ避難してみたら、そこはもっと原発のそばだった。日本じゅう、そうなっていますよね。すごい国にしてしまったのだなと思います。

それから、原発というのは、科学技術がどんどん進んでいって、一応、私たちは信用してきましたから、原子力というのは科学の最先端を行っているわけで、その技術の粋を集めてつくった原発だから、何かあったときには、例えば爆発したでも、炉を冷やすでも、小さなゴルフボールみたいなものをぽんと投げたら、冷却どころか一瞬で凍ってしまうみたいな技術も一緒に開発されているのかと思ったら、全然そんなことはない。皆さん方も見たでしょう。原子炉を冷やすのに、ヘリコプターから水を落とすという。天井から目薬ですよね。入るわけないじゃないですか。あれが専門家の結論か、と唖然としました。火を消すのに水をかけるのは、江戸の火消しもやっていましたよね。

もう一つ、もっと私が感動したのは、政府の防災の専門家会議の結論。要するに防災というのは字のごとく災害を防ぐことでしょう。しかし防ぐことができない。津波も地震も止めることはできない。したがって防災はできない。減らすことはできるけれども、止めることはできない。だから、防災ではなくて、減災しかできない。したがって、一番有効な対応というのは、まず逃げること。危ないところに近づかないこと、というのは感動してしまいました。そんなことなら縄文人も知っていましたからね。しかし、放射能から逃げることはできませんものね。だから、そういうものはつくってはいけない、止めなければならないという話になっていくわけです。

原発の話は、原発の町ではできません。私たちも、なかなかやりにくいのです。これは外から包囲網をつくって、中を攻めてもらうしかない。そういう運動に期待しています。私どもも中から攻めていきます。内と外が呼応しなければいけない。

石塚　新潟もかつてはいろいろな気象災害が、いっぱいあったのです。昭和39年の地震ですよね。昭和41年、42年の大水害、ここ笹神地域も直下型の地震だとか、水害としょっ

大江健三郎、鎌田慧、内橋克人、落合恵子、澤地久枝氏らも「さようなら原発1000万人アクション」の呼びかけ人として集会後にデモ行進（明治公園付近、2011年9月）

ちゅうあったのですけれども、これに負けずに立ち直ってきたというのは、自然災害に対して私たちに人間として向きあうエネルギーがあるのです。ところが、今回の原発事故というのは、なんとも憤りをどこにぶつけていいかということがわからないので、結局は東京に一極集中した。東京電力福島原発のエネルギーというのは、ほとんど東京のほうに使われていて、それが地方に原発がありますよね。物質的にすごく豊かになって、エネルギーなくして私たちは生きられないというところまで来たのですけれども、でも、山下さん、原発というのはほとんど止まっているのですよね。

山下　ほとんど止まっています。九電の6基は全部止まっています。

石塚　止まっていても、現実はそんなに苦労しない。逆に今、東京電力株式会社は値上げをしようとしている。一極集中で思い出しましたけれども、明治21年（1888年）に初めて日本が国勢調査をやったときに、人口が一番多かった県を皆さんご存じですか。

会場　新潟。

石塚　そう、新潟なのです。新潟が当時、186万人で全国トップでした。当時、たしか東京は4番目。明治21年ですよ。たかだか100年弱前です。大阪は、たしか6番目なのです。

さて、俳優の菅原文太さんが、起死回生ということで一回東京をつぶして、地方へ出ればいいのではないかという運動をふるさと回帰センターの方々とともにやっていますけれども、それは簡単にはいかないと思います。だが、要はこのエネルギーに対して、震災の害は、私たちはある程度、何回も克服しましたけれども、今回のエネルギー、とりわけ近代化と言われたエネルギーに対して、ではどう具体的に対処すればよいのか。山下さんはがんばろうではなくて、変わろうということを述べていますが、どう具体的に変わればいいのか、について触れてください。

原発に依存しない社会を目指すために

山下　1000年に一度という言い方がありますけれども、大災害があと1000年来ないのであれば、このままでいいですよね。しかし1000年に一度が来年来るかもしれないじゃないですか。このチャンスを逃したら変わらないわけだから、これはもう絶対逃せないですね。我々がやれることというのは反対の声を上げることです。選挙という手段がありますから、それを通して変えていく。自分たちも変わるということです。

原発は、これまで聖域扱いで、専門家任せで、素人はまったく立ち入れなかったじゃないですか。それが今度、大概わかるようになってきたのです。私も初めて、いろいろな本を読んでみたのですけれども、原発は発電を始めたらもう止められないのです。ずっとやりっ放し。したがって、夜の電力が余るわけです。原子力と水力とセットになった発電があるわけです。どういうことかというと、昼は原発で電気をつくるでしょう。夜は使い道がないものだから、ダムを二つつくって、下のダムの水を上へ上げるわけです。昼は水力もセットで発電しているから、原子力がなくなっても電力不足にならないようなセットになっているのだそうです。そういうことも全然知らなかった。放射能汚染で苦労されている方には申し訳ないけれども、事故で原発の実態が明らかになったことが、これからの世の中を変えるきっかけになる。

ただ、気になるのは、反原発というのは、どうも何も生み出さないような気がする。反ではがちんこ対決で、それで終わりですものね。だから、「反」と言われると入っていけないけれども、「脱」だったら少しはいいのかと。一番いいのは、原発に依存しない社会を目指す。前向き、前に進むようなことだ。大体、国民の7割、8割はそれでまとまるのではないですか。ぜひ、その動きを大きくしていきたい。佐賀県の玄海原発は、2012年2月に1704人が原告になって、玄海原発を廃炉にするという裁判を起こしました。原告は福岡県が一番多くて、原発の地元ではとても少ない。私にそういう相談がありました。裁判費用が640万円かかるのです。印紙代というのです。だから、新しく会員になる人は5000円を添えて申し込まなければいけないのですけれども、私は会員になりました。私の飲み仲間に声をかけたら十数人が原告になりました。そういうことをやっていくしかないと思っています。屋根にソーラーパネルも設置するつもりです。

石塚　同じ質問で、星さん、具体的にどう私たちが変わっていけばいいのか。どういううねりにすればいいのでしょうか。

再生可能なエネルギーを地産地消で

星　地震列島に54基もつくった原発はすべて廃炉にすべきだと、基本的には思います。稼働している原発は、すでにあと残っているのは3基くらいしかないということで、4月には全部止まる。しかし、それでも、日本全部が停電になっているわけではないし、電気が足りない、原発なしではやっていけないという信憑性がないのではないかと思います。

それと代わって、再生可能な自然エネルギーに活路を見いだすほかはありません。そういう物差しで見たら、日本列島は、世界の中でも最も豊かなエネルギーを埋蔵しています。

実は、山形県の吉村美栄子知事と滋賀県の嘉田由紀子知事（日本未来の党代表も兼務したが辞任）とが一緒になって全国の知事会で、最初は「脱原発」と言っていましたが、途中から「卒原発」という表現を使って、原発に依存しない社会を力を合わせてつくっていきましょうという呼びかけをやったのです。でも、なかなかよその知事からは、賛同いただけないというジレンマにあります。

しかし山形県は、原発事故以前からずっと自然エネルギーの埋蔵量とか、採取可能量というものを調査して、その数値を出していたのです。それは、今、県内で使われているエネルギーとほぼ均衡するということがわかってきたものですから、県はエネルギー戦略という基本構想をまとめて、20年間の中期計画を具体的に煮詰めている段階であります。

具体的には、太陽光とか、風力とか、波力とか、地熱とか、バイオマスとか、それこそ無限のエネルギーがあるわけです。雪というものも考えてみるとエネルギーなのです。夏の冷房のために地下室に雪を蓄えておいて、学校の給食室とか、図書館の温度を調節するというのは、十何年前から高畠町の糠野目《ぬかのめ》小学校というところでやっています。あるいは豪雪地帯の最上《もがみ》地方では、雪室《ゆきむろ》とか、さまざまな農業のほうの生産面と、それを保管する貯蔵の面で、雪の冷たさというものを活用しています。

すでに集落とか、NPOの小さなグループなどでも自然エネルギーを具体的に使って、電力を起こしているという事例が随所にあります。県のそういった基本的な計画と一体となって市町村、集落、NPOとか、個人レベルまで含めて新たな21世紀のエネルギー創出に向けて取り組んでいくというわけです。

具体的には、自然エネルギーで100万kw（キロワット）を生み出す計画で、ほぼ原発1基分に相当します。幸い、県内には原発がありませんし、これからも絶対つくれないと思いますので、再生可能なエネルギーで、それこそ地産地消でまかなっていくという方針を打ち出しているところです。

危険なＴＰＰ阻止に向けて

石塚　いろいろまだお聞きしたいのですけれども、話題を変えてＴＰＰの問題に移らせていただきたいのです。私はある意味、原発問題もＴＰＰも似通っているところがあるのではないか、と思っています。ＴＰＰがようやくわかり始めてきたのですけれども、この1年間の動き、さらに今の段階でお二方のお考え、ご指摘等がございましたら……。

では、山下さんからお願いいたします。

ＴＰＰは日米関係を見れば反対せざる得ない

山下　この話は、２０１０年の10月1日の、当時の菅総理の所信表明演説で、初めて聞いたのですよね。それまではだれも知りませんでした。山田正彦さんが農林水産大臣でしたけれども、農林水産省に指示したのでしょうね。もしＴＰＰに参加したら、日本の食料自給率は13％まで減るよということをすぐに発表したわけです。ぜひ反対してくれというメッセージだと思いまして、それで即反対行動を起こしたわけです。

なぜ反対かというと、これはTPPだけ取り上げてではなくて、この20年間の日米関係を見れば反対せざるを得ない。そもそもは1989年にベルリンの壁が打ち壊されて、1991年にソ連邦が崩壊する。そしてグローバリゼーション（生産の国際化が進み、生産要素が国境を越えて移動し、各国経済の開放体制と世界経済の統合化が進む現象）というこれまでになかった言葉が出てくるわけです。

手袋もグローブですけれども、GLOVEが手袋のグローブで、GLOBEが丸い地球のグローブです。地球規模化とか地球一体化という略なのです。なぜこういったことが始まったかということも随分議論しましたし、勉強もしました。1992年にアメリカへ行ったのです。カリフォルニアの日系の農場主たちと意見交換している中で、グローバリゼーションが話題になった。要するに、これまで戦争があったから、アメリカは軍事産業で食えたわけです。ところが冷戦構造という根元的な対立構造が消滅したから、武器をつくる大義がなくなった。当時、カリフォルニア州のGDPの40％が軍事産業だったそうです。これが失業するのです。それで失業と不況を世界に輸出するというアメリカの戦略が、真っ先に日本に来たのです。それで規制緩和が始まるわけです。かつて、キッシンジャーなる人物は、世界じゅうを飛び回って戦争の火つけをして「死の商人」と呼ばれていたわけですからね。

アメリカは、1990年にクリントン政権ができて、1994年からアメリカから年次改革要望書というものが毎年突きつけられてきました。それにしたがって、日本の政策が動いていく、金融ビッグバンや、大規模小売店舗立地法、労働者派遣法、究極は郵政民営化の「官から民へ」です。

アメリカのポチにならないと日本の政権は続かない。長く続いたのは、アメリカの言いなりになった政権なわけです。TPPは年次改革要望書のゴール。グローバリゼーションのゴールであって、その先はないわけです。あとは何もない。

まず一番の問題は、TPPは国内法の上に来るというルール。つまり国家を超えてグローバル企業が自由に活動できる世界統一市場の構築です。24の作業部会、項目がありますけれども、関税に関するものは三つしかない。あとは全部非関税障壁です。農業以外の問題がたくさんあることは、1年以上たってわかってきました。日本医師会がTPPに反対している。混合診療の導入、株式会社の病院経営参入などで国民皆保険制度が崩壊すると心配されています。アメリカには国民皆保険制度はないのです。憲法から違うのです。

日本の憲法は、国家の下に国民がいる。国家が上で、国民が下になっているそうです。アメリカの憲法は、国と国民が横並びになっているそうです。アメリカ国民は、国から自分を守る権利を持っている。したがって、銃を持っていいのです。銃を持たせないということは憲法違反になる。アメリカに国民皆保険制度、健康保険をみんなに持たせようというのは、民主党の昔からの悲願なのです。だけど不法就労者が、メキシコからだけでも500万人来ます。だれが来ているかわからないような国で、そんなことできるわけないじゃないですか。

ヒラリーさんが、ぜひこれをやると言っていました。ブッシュ大統領の共和党に代わったからできなくなって、次にオバマになって、一応制度としてはできた。これを「オバマケア」と言っています。4600万人が救われたと言われています。ところがそれを共和党が裁判にかけて、地方裁判所が憲法違反だと昨年（2011年）判決を出したのです。その言い分は、健康保険の契約を結ぶかどうかというのは個人の選択であって、これを国家が強制するのは憲法に違反しているのだそうです。アメリカの国民の半分以上が国民皆保険制度は反対だそうです。したがって、今年の秋の大統領選挙では、共和党はこれを破棄するということを公約に掲げて選挙すると言われています。

そういう国とルールを同じくするのだから、日本の国民皆保険制度がなくなるのは当然のことです。守れないです。まず、混合診療でしょう。保険の利かないものを次々と取り入れて、いい機械だ、いい薬だと全部変えていくわけです。アメリカの製薬会社が入ってくる。そういうことで、国のかたちが変わるのです。当然、年金などもそうです。内部破綻が日本でも起きつつあります。若い人は、40％くらい国民年金をかけていないのです。かけきれない人がいる。民主党が、今度、消費税を上げるために言っているのだろうけれども、国民年金を持たない人に7万円をやると言っているわけでしょう。かけた人は5万いくらしかもらえないでしょう。6万円もらえませんよね。介護料が取られますから。かけた人がばかみたいな話になってくるじゃないですか。そういう矛盾が吹き出してきています。

ですから、国民年金をかけなくて、生活保護をもらったほうがましです。ここ笹神地域はどうか知りません。唐津は、生活保護の給付金が月8万円です。年金かけて、国民年金をもらっても6万円しかもらえないで、かけない人が生活保護で8万円もらうのであれば、こちらがいいですよね。

そういう話になってくるから、TPPになったら、こんな社会保障などやめてしまって、自己責任にしようという話になると思います。私は10年かからないのではないかと思います。だから、そういう社会にしていいのですか、ということだろうと思うのです。戦後60余年かかって築いてきた日本の社会が根本から互解してしまう。

TPPは全力を挙げて阻止しなければならない

石塚　では、星さん、同じ内容で。

星　実は、菅政権のときに、今、山下さんのおっしゃるように、唐突にTPPへ参加するということを表明したわけです。しかし、その後、大震災が起きて、復旧復興が最優先の国家的な事業だということになりましたので、TPPは棚上げになるのかなというように思っていました。しかし、野田政権になってから、かなり強引に、特に地方自治体や地域の住民の圧倒的な反対の中で、参加の方向に閣議決定して、事前交渉と称して、すでに3か国、9か国と個別に交渉しているという段階まで踏み込んだのです。このやり方は、まさに火事場泥棒的に、東日本が空前の大災害に遭って、塗炭の苦しみにあえいでいるときに、そこにつけ込んで一気に権力や資本の力をもって、それを乗っ取ってしまうというやり方。これをショックドクトリンと言うそうですが、まさにその典型だと思われてなりません。

本当は横浜での世界の首脳が集まったCOP10（第10回生物多様性条約締約国会議）の場で、当時の菅首相が日本の自給率を50％まで高めるというように表明している。その舌の根も乾かないうちに、山下さんがおっしゃったように、今、かろうじて40％を保っている国内自給率は一気に13％まで急落するというTPP加盟を推進するというのです。それを強引にやろうとする背景には、前原さんの言うGDP（国内総生産）1.5％の農業を守るために98・5％のそのほかの国益というものを損じていいのかという、とんでもない倒錯した論理があるわけです。

農水省の公表したデータによると、品目別に言うと、土地利用型農業と言われるものについては、致命的な打撃を受けるということだけはっきりしています。米もその一つなのですが、日本の稲作の9割が維持できなくなる。かろうじて10％くらい残る。それは魚沼のコシヒカリ、つまり日本のトップのブランド米と、しっかりと消費者と提携している有機米くらいしか残らないと、農林水産省はそう見ているのです。それから、北海道の酪農とか、砂糖の原料になるテンサイ、砂糖大根などは全滅する。沖縄のサトウキビなどもそうです。

ですから、東北、北陸、それから九州の日本の食料基地と言われるような農業が致命的な打撃を受けるということだけははっきりしています。日本に農業がなくなってもいいのかという課題を突きつけられ、政府や財界は、いわば攻めの農業に転じていくことに活路があると言います。中国とか、アジアの富裕層に、日本の質の高い農産物や加工品を輸出することによって切り抜けられるという夢のような話を語っているのですが、それはまったくナンセンスといいますか、現実性がないと思うのです。

土地利用型については、山下さんは何回もアメリカに行っておられますので、一つの農場経営で２００ヘクタールが平均的なところで、オーストラリアは３０００ヘクタールですから、いかに新政権が15ヘクタール、20ヘクタールくらいの規模に拡大して、それを担い手と見なすというようなことを言っていますけれども、それでも10分の１から１００分の１くらいのものです。オーストラリアの一農場の適正規模というのは１万ヘクタールだというように言われています。それを超大型機械でもって数名のスタッフでちゃんと農作業をやりこなせるところと同じ土俵で、つまりコスト競争の土俵で勝てるはずがないということははっきりしていると思うのです。

実は、山形県内で、消費者の方々にカリフォルニア産のコシヒカリと山形県産のコシヒカリを目隠しで食味比べをしてもらったのです。2011年の秋です。そうしたら、驚くなかれ、半分半分くらいでした。カリフォルニア産のコシヒカリをおいしいというように答えた人が半数くらいに及んだということでありますから、つまり、日本の銘柄品種をしっかりとアメリカの大地で生産できる、という状態になっている。1kg当たり3000円くらいで、それが怒濤のように流れ込んでくるということになれば、どうしようもないと思われます。ですから、絶対TPPは阻止しなければいけないという強い思いがあります。

それから、もう一つは、消費者、市民の立場から言いますと、食の安全というものがどんどん揺らいでくる。要は規制緩和というかたちで、例えばBSE（牛海綿状脳症、狂牛病）の月齢の問題などが最初からやり玉に挙がっているし、遺伝子組み換えの作物とか、加工品などは、アメリカは表示義務がありませんので、日本に輸出しても一切表示する必要がないというかたちで押し切ってくる。それから、農薬の残留の基準などもどんどんと緩和の方向に向けて圧力をかけてくる。国内産が壊滅する中で、外国から輸入されるものがそういうレベルの低いものであるとするならば、日本人の健康が大変なダメージを受けるということになりかねません。そこが生産者だけではなくて、消費者、市民、国民の重大な問題だなと考えられます。

ＴＰＰに参加しても、10年間で２・５兆円くらいしか貿易の利益というのがないとはじいているのです。しかし農業には、食料生産だけではなくて、ご存じのように多面的な機能というものがあります。それは、政府の試算では年間４兆円くらいずつの価値を生み出

首都圏からの子どもたちも田植え行事に参加
(前・石塚さん。新潟県阿賀野市笹神)

石塚さんはヤギにも「多面的な機能の発揮と自給率向上への寄与」を期待!?

首都圏の子どもたちに手づかみでヘビを解説

しているというように言っているわけです。ですから、10年間にすれば40兆円になるわけで、わずか2・5兆円の貿易の利益を生み出すために40兆円の損失をするというのはどう考えてもまったくつじつまが合わないのではないかと思います。そして、アメリカでは完全に自由競争の中で、多国籍企業が牛耳ったかたちで流通も支配していると言われております。しかし、一方では非常に手厚い輸出補助金というものを出しています。そのことによって、競争力をものすごく高めているわけで、これはヨーロッパ諸国でもまったく同じです。

反対に、直接支払いでカバーするとか言っていますけれども、日本はわずか16％しか直接支払いは出ていません。アメリカは50％、ヨーロッパ諸国は90％直接支払いで農家の所得を補っているという実態があります。

ぜひTPP加盟は、全力を挙げて阻止しなければいけないと強く思っています。

石塚　山下さん、何か言い足りないことはありますか。

山下　2012年の7月に基本的合意に達するということになっていますが、どういうことになるのでしょうかね。一筋縄ではいかないはず。オバマの選挙目的ですから、選挙のポイントにしたいわけですから。それに日本が窓口で入ることになるのか、ご承知のとおり民主党政権の首相周辺は前のめりです。しかし、民主党の中でも「慎重」とする議員のほうが多い。農協も反対している、みんなで反対している、医師会も反対している。政府が参加表明しても、国会の承認が必要ですから、簡単にはいかないと思います。小泉内閣のとき、農協を解体しようという動きがありましたよね。金融と共済は別にしろとか言っていたのだけれども、米がやられる。大変だと危機感をあおっておいて、米だけ例外にしてもらって、これで勝利だ。大勝利だといって、守るべきものは守ったというようになる可能性があるのではないかと思っているのです。

韓国が日本よりも新自由主義的な政策をやっていますけれども、どことやる場合でも、米は例外です。それを認めています。それもまた怖いですよね。米だけでいいかという話です。ＴＰＰに参加すれば消費者物価は当面安くなるのです。食費が下がるのです。生協はやっていけなくなります。みんな、そちらに流れますよね。それがどういうことかということを考えてくれればいいのだけれども、牛丼が１３０円になるとかという話ばかり広がっているわけで、牛丼は間違いなく安くなると思います。対抗上、ほかの食料も食品も同レベルに安くするしかない。あとは労賃で競争するしかないわけだから、いくら売っても利益が上がらないから、従業員をパートにしますよね。ＴＰＰでは労働者も自由化になるわけですから、当然、外国人を入れる。結局、大店法で駅前商店街がシャッター通りになったのと同じことが日常の暮らしの中で起こる。安いものを求めていくうちに、自分の仕事もなくなるという悪循環になるわけだから、安ければいいというものではないということを消費者には考えてほしいと、私は思っています。

ＴＰＰを利用して構造改革をしようとしている

石塚　先ほど、山下さんはアメリカの言いなりになっている、とおっしゃったじゃないですか。もしＴＰＰが実現したら、世の中がどうなるか。とりわけ地域社会というのは、どういう構造になると思いますか。

山下　ＴＰＰをてこにして農業の構造改革をやろうというのが、一番気になるところです。震災復興もそうです。復旧したところで、過疎と高齢化で寂れていく地域を復元するだけだから、これは意味がない。復旧ではなくて復興をしなければならない。国民の税金を使うのだからもっと前向きにしなければならない、というのが国の方針です。そこで、漁業権。漁業権というのは県知事が漁協にしか与えないのですが、それを民間に開放するということを言っているのです。地元からそういう要望があるのだそうです。自分たちではできないから民間を入れてくれという。

被災したある村で、名前は忘れましたけれども、4割の人が農業をやめたいと言って、農地を手放す。そうすると、その4割を引き受ける人がいればいいけれども、余ったらどうするかという話になるわけです。特区をつくって外から入れるということが始まって、それがモデルになって全国に広げていこうと。かつて自民党の品目横断的経営安定対策というのがあって、農業の担い手を北海道で10ha以上、都府県では4ha以上と決めましたよね。そこだけ集中支援するということでそれを出して、小泉構造改革の最後でしたが、それで参議院選挙で大負けして、それが原因で政権交代が起きたのです。政権交代したときに、民主党は、がんばる担い手はすべてを支援すると、差別しないと約束したのです。

それでスタートしたのに、小泉構造改革どころではない、もっと飛んで今、民主党政権が5年間で農業の規模を10倍にするというばかなことを言っているじゃないですか。ご存じですか。これはどういうことを言っているかというと、日本は今、水田が250万ha、畑が210万haで460万haの農地があるわけです。これが分子です。分母が460であれば、1戸当たり1haじゃないですか。分母が今、2分の1になって、260万戸になっているから2・2haとか言っているわけです。これを集落営農とか農業生産法人で組織化するじゃないですか。これまで一戸一戸の農家をカウントしていたものを、集落営農を1経営体、法人を1経営体というようにカウントして分母の数を減らしていくと、計算上は5倍にも10倍にもすぐなるのです。現場は何も変わらなくてもね。そういうことをやろうとしています。

つまり、TPPそのものよりも、TPPを利用して構造改革を進めようという動きが、国内にあるわけじゃないですか。私はいつも思うのだけれども、農業後継者がいない、残った者は老人ばかりだ、TPPに反対してTPPを止めてもその後はどうなるのと、多くの百姓がそういうわけです。これは、これだけ追いつめられた農業・農村を救ってほしいという意味ですが、これを逆手に取られる。それは、菅さんが言っていたじゃないですか。情けないことを言っていましたよ。TPPがなくても、いずれ農業は立ちゆかなくなる、と。総理大臣がそういうことを言うのだからね。

前原さんの1・5%の話ですけれども、ここに来るような人は信用していないと思うけ

ＴＰＰ交渉参加推進論の根拠は本当か？

◆「バスに乗り遅れるな」→ルールづくりに間に合わず？
・ＴＰＰ交渉に正式参加するには…参加国との事前協議と承認が必要 ・米国は事前協議（市場開放・規制緩和圧力）＋議会の承認（３カ月） ・ＴＰＰ交渉参加９カ国は事前協議の段階で、「すべての物品とサービスを交渉のテーブルに乗せなければならない」「関税撤廃の例外認めず」と主張。 **➡「関税撤廃からの重要品目の除外」など日本の主張をルールに盛り込むのは、極めて困難に**
◆関税撤廃の例外をルールに？
・「関税撤廃の例外品目を明示しての交渉入りは認めず」がＴＰＰの原則 ・これまでＴＰＰ協定（Ｐ４協定）で認められた例外品目は最大１％。これを日本に当てはめれば、関税品目約９０００品目中、最大９０品目しか例外にできないことに ・しかし、日本のＥＰＡで、関税削減・撤廃の対象にしていないのは９４０品目（このうち農産物は８５０品目。米・麦だけで７０品目、乳製品だけで１３０品目ある） **➡重要品目を十分に確保するのは困難**
◆アジア・太平洋地域の経済成長を取り込む？
・アジアで、ＴＰＰ交渉参加国はシンガポール、ブルネイ、マレーシア、ベトナムだけ。成長が期待できるアジア圏の大国はＴＰＰに参加せず（中国、韓国、香港、タイ、インド、インドネシアなど非参加） ・ＴＰＰは経済規模からみれば、実質日米ＦＴＡであり、米国以外の国への日本の輸出拡大は限定的 ・日本が参加しないＴＰＰは米国にとってメリットなし **➡アジアの成長は取り込めず、逆に米国、オーストラリアなどからの農産物輸出攻勢も。日本は「ネギ・カモ状態に」**
◆ＴＰＰがアジア太平洋自由貿易圏構想の基本になる？
・中国は「ＡＳＥＡＮ＋３（日中韓）」を基本に推進主張 ・インドなども加えた「ＡＳＥＡＮ＋６」も選択肢に **➡米国基準を押し付ける異常な自由貿易を強要するＴＰＰルールをＦＴＡＡＰの基本にするのは問題**

出典：『まだ知らされていない壊国 TPP』日本農業新聞取材班（創森社）

れども、GDP比で農業産出額が先進国はどれくらいか。フランスとイタリアが2％です。日本が1・5％、アメリカが1・1％、ドイツとイギリスは0・8％です。農業はどんなに豊かになっても、ほかの経済が大きくなると相対的に小さくなるのはあたりまえの話であって、農業の比率が低いということは、農業が弱いとか、国民が貧しいというのはまったく関係のない話なのです。

東京大学に本間正義さんという学者がいますよね。あの人は、100ha規模の農業団地、田んぼを全国に1万か所つくる。そうすると100万haではないですか。米の反収が今は520kgですから、それで520万tのお米がとれるわけです。ここは徹底的にコスト低減をやろうと。あとは放っておこうという計画を立てているわけです。それに賛同している人たちもいるわけです。これはすでに農家ではない。企業にやらせるわけですけれども、全国の農地がどんどん値下がりして、田んぼを売りたいという人がたくさんいるわけです。九州でも一番いいところでも100万円しません。1反100万円でしょう。そうすると、100haで10億円です。私は持たないけれども、どこかのどら息子が80億円を博打ですりましたよね。100haで10億ですから、企業が買おうと思ったらいくらでも買えます。TPPを利用した農業構造改革は、そこに行こうとしていると思うのです。しかし、農家としてみれば、基盤整備して償還金を24年かかって払ってきて、まだ残っていますけれども、ようやく払ったと思ったら土地を取られるという。無念ですよね、悔しくてしかたがない。これはなんとかならないかと思いますけれども、なりそうにないですね。

結局、TPPで狙われるのは農地法と漁業権です。そこへ民間が入ってくる。そういう動きになっているので、我々としては、農業をだめだと、やる人はいないよと言ったら、ではやる人にまかせてくださいという話にはすぐなるのです。その準備が進んでいる。TPPとセットです。輸出もそうですよ。輸出するということは輸入を止めないということですものね。そういうことでしょう。日本の優秀な安全なものは、東京のあいつらは貧乏になったから、あいつらより中国のやつが高く買うから、あちらへ送ろうかという話ですからね。日本のいい農産物は中国の富裕層に送るということは、日本人の胃袋は何で満たすのですか。中国の安い米で満たすのだという話です。そういう動きだから、我々はもう少し、こういう言い方がいいのか知らないけれども、一回立ち止まって、今の農業・農村の現状はこれで悪いのか、というように逆に考えてみたらどうだろうと思うのです。

おそらく、もしTPPに参加すれば、まだしかし、TPPまでに時間がかかると思うけれども、農業がブームになると思うのです。ブームは、流れがまったく違う二つのブームですけれども、一つは民間が農業に入ってくるというブームです。一つは、都会で食えなくなったから、農業をやったりする人が増えてくる。これはフランスのまねして、民主党政権が、新しく今年から出している政策ですけれども、青年就農者支援制度というものをつくって、農業をやろうという人には研修期間、準備期間として2年間150万円ずつ払うものです。

実際、農業経営をやる人にはさらに5年間支度金を払うという制度ができて、先日、東京で説明会があったそうです。これは全国農業新聞に出ていました。農村ではなくて、東京でやっているでしょう。1100人来て立ち見が出たと。東京で暮らすよりも田舎で暮らしたいという人がいるのです。これから増えてくると思います。私はそちらを応援したい。企業が農業を乗っ取ってもいいけれども、その次はどうなるのかという問題があります。我々はそこに住んで、暮らしと生産が一体だから、そこを大事に守っているわけであって、生産だけやる人たちがそこを大事にするわけはないじゃないですか。合わなくなったらやめますよ。そういう日本にしてはいけないと思っています。

農の再生は自立と互助から

協同組合の力で閉塞を打ち破る

石塚　4、5日前の日本農業新聞の記事に、生産活動が伴わない金融、マネーゲームが世界を占めている、だから、格差社会が広がってすごいなと。前回（第1部）の対談の最後に、星さんのこういう言葉が残されています。「経済成長なき発展とは何か」ということを前回、おっしゃいましたよね。だから、経済に依存した結果が、今日になっているので、しからば、どういう方向に私たちは気持ちを持っていけばいいのか。星さん、少しお考えを言っていただきたいと思うのです。

星　大震災の大変な衝撃と、それから復興していくということが国民にとっての最大の課題だったわけですから、その間、TPPはお預けになって、お蔵入りになるのかなと半ば期待していたのです。その後、またむくむくと頭をもたげて、野田内閣の中で一気に国民世論というか、それを無視したかたちで強引に交渉参加を決めてしまったのです。そして、具体的に、9か国との事前の協議に入っているといわれているのです。とにかく、日本政府そのものが全品目を対象としてやりますということを前提にして、それを表明しながら交渉に入っているわけですから、多くの方々が懸念したような状況に早晩追い込まれていくということは、このまま進めば避けられません。

そして、被災地の復興は何をさておいてもやらなければならないのですが、それをあの災害を逆手にとって、一気にTPPの門戸を開いてしまう、極めて非民主的なやり方には許し難いものがあります。とりわけ、消費者の皆さんにとっては、食の安全というものが一気に揺らいでくるということは避けられません。アメリカは何よりも規制緩和をどんどん迫ってきていますし、日本で規制されているようなさまざまな農薬や遺伝子組み換え作物を表示する義務すらアメリカでは負わせていません。そういうものが表示なしでどんどんなだれ込んでくるということになりますから、日本人の食の安全は非常に危なっかしい状態に追い込まれると思います。

それから、北海道や九州など、広大な面積で、これは稲作もそうですけれども、砂糖大根とかサトウキビとか、砂糖の原料をつくっている、いわば特産物の産地も一気に壊滅するといわれているわけです。例えば、先ほど触れた宮城県の仙南の農村地帯を、ソフトバンクの孫会長あたりが、特区に指定されれば、そこをメガソーラー発電基地にしようという構想があるようです。かつて肥沃だった穀倉地帯に太陽光発電のパネルが並び、新しいエネルギーの供給基地にするということを公言しているわけでして、地元の宮城県もそれにかなり乗っかっているようなところがあります。

しかし、かなり農業にこだわっている名取市あたりの農家ですと、やはり、中央の一定の技術力を持った企業が水耕栽培で、土を全然使わないで野菜をつくる装置をそこに導入をして、一気に新しい野菜団地をつくるというようなプロジェクトが動いてきているわけです。若林区のかつて町であったところが津波に襲われ、土台のコンクリートしか残っていないところにメガソーラーを設置するという。そこまでは許容できます。けれど、しっかりと除塩したり、あるいはがれきを片付けたりして、また農地として活用できるようなところまで別の用途に替えてしまうというのは、食料基地東北の面目がそこではつぶされてしまうという感じがします。

ですから、三陸の漁村の復興と広大な農村地帯の復興というのは、工業化とは別の物差しを当てながら考えていかなければならない。やはり、大地と海という自然の恵みをいただくという、つまり、太陽エネルギーと緑と水の力でもって、これからも永続して、そこから命の糧《かて》をいただいていくことができるような内容をしっかりとベースに据えていくことが復興の大原則だと私は思っています。

世界が、グローバリゼーションの中で追求してきたのは、激烈な競争の中で、相手を倒して自分が生き残る、そういう競争の論理だったのです。グローバルスタンダードと言っても、これはアメリカンスタンダードだと思うので、そういうアメリカの今日のあり方、体制、マネー資本主義、これは明らかに新自由主義がごり押ししてきた路線なのですが、そこにすっぽりと日本も飲み込まれていっていいのかということが問題なわけです。しかし、オバマのグリーンニューディール政策も日本の民主党の、いわゆる日本版のグリーンニューディールも世界的な経済恐慌にぶつかってしまって、まったく立ち往生していきます。座礁しているというように見えます。そういう有様と、今度、ギリシャに端を発したユーロ危機の津波がまた押し寄せてきています。

さまざまな世界地図の中で、最近、ヨーロッパの最先端の社会学、あるいは環境経済学者の中で脱成長という考え方が前面に出てきたのです。今、石塚さんがおっしゃった経済成長なき社会発展という、そういう新たなものの考え方です。あるいはお金のかさをもって成長を推し量るということから脱皮しようじゃないか。ものの豊かさというのは限界である。地球の未来のことを考えたり、人口がどんどん爆発していく中で、人々が自立しながら共生していくということを考えたら、いろいろな方法はあるにせよ、今までの成長を追いかける生き方というものから足を抜こうじゃないかという考え方です。

典型的なことは、ブータン国王が日本にやってきて、日本に爽やかな旋風を巻き起こしていきました。GDP（国内総生産）に対抗するかたちで、GNHつまり国民総幸福量という新たな物差しを提示したわけです。人口76万、新潟市と同じくらいの人口で、独立国として人類の未来に一つのあり方を提起しているという姿は見事だなと思います。私は、そういう中で、ささかみ農協、それからNPO法人食農ネットささかみが一体となって、パルシステム生協連や新潟県総合生協との30年近くにわたる協同組合間提携というかたちに積み上げられてきたその実績の中に、日本の非常に大事なモデルがあるのではないかと考えております。ささかみモデルというものを、新潟県内だけではなくて、日本にどんどんアピールしながら広めていく。その先に、資本主義も、社会主義も乗り越えていくような新たな協同組合主義といいますか、新たな文明のあり方というものが見えてくるのではないかと思えてならないのです。

いみじくも、2012年は国連の国際協同組合年であります。経済評論家の内橋克人氏が、食料（フーズ、F）とエネルギー（E）とケア（C）の自給圏、FEC自給圏というものを提唱をされていますが、その三要素をしっかりと地域で自給する。しかもそこの流域のレベルで、ここであれば阿賀野川、それから信濃川と支流の流域の中で随分長い歳月をかけて積み上げられてきた歴史と暮らしと文化を今日に活かして地域づくりに取り組む。もちろん、持続可能な産業のかたちというものがあるわけですし、先進的なモデルに学びながら、協同組合の力でもって、この閉塞した時代を切りひらいていく時代になっているのではないかと強く思います。

自給・自立の実現に向けて

山下　一言いいでしょうか。TPPは断固阻止ですけれども、そうは言いながら、皆さん、日本としては入らざるを得ないだろうという気持ちがどこかにあるのです。そうなったときのことを考えているのですが、百姓がどぶろくをつくる、ビールをつくる、ワインをつくる、トリや豚をつぶして食べる。これは醸造権と屠畜権（屠畜場法による）です。

それを取り戻す裁判を起こしたらどうかと思っているのです。食料と酒も、肉も、電気も、ケアも自分のところで自給する。決して大きくならなくてもやっていけるという理想を掲げたいと思います。

星　実は越後と深くかかわっている上杉藩、二代藩主上杉景勝のときに、直江兼続《かねつぐ》という有能な家老がおって、会津を経由して、最後は米沢に落ち着くわけです。その中で、原方衆《はらかたしゅう》という一つの制度を設けました。下級武士に原野を配分し、そこを開墾して、自給作物をつくって一族郎党を養うということを兼続がやったのです。その伝統は中興の祖と言われる上杉鷹山の藩政改革に脈々と受け継がれ、自給・自立の体制をつくりました。一説によるとケネディ大統領が最も尊敬する日本人に上杉鷹山を挙げているとのことです。鷹山公は高鍋藩ですから、九州宮崎県の生まれなのですが、東北の非常に貧乏な米沢藩にやってきて、それをものの見事に改革復興をやってのけた名君と言われているのです。ですから、半農藩士の暮らしというものが兼続の時代からすでに米沢では定着していたのです。それと併せて、インフラの整備、水路を採掘したり、新田を造成したり、生産基盤の整備ということを全力挙げてやってきました。併せて殖産振興にも取り組みます。越後から導入しました養蚕と米沢織です。それから、錦鯉の産地の小千谷《おぢや》（新潟県）あたりからでしょうか、養鯉《ようり》を導入し、米沢の一つの特産にしました。

もう一つ、漆を植えて蠟の原料を生産し、換金作物として江戸に出してやるというような殖産振興策も併せてやったわけですが、漆だけは中途半端で終わりました。結局、質素倹約というものを徹底して進めて、それでも飢饉に立ち至った場合には「かてもの」といって、野山に自生する80種類くらいの食べられる植物を示して、備荒食の知恵というものを木版刷りで農民や町民に配ったのです。

今日、ひたひたと迫ってくる食料危機の中で、このすぐれた知恵とわざは、まさに生かされるのではないか。また、教育改革を重視し、人材の育成を心がけました。それらを一体として、米沢藩の極端な厳しい財政から脱出していく一つの光を見いだすことができたというわけです。

高畠町では、「たかはた食と農のまちづくり条例」というものを平成8年に制定したのですが、目標としては、自然と調和した農業を掲げています。また施策の柱としては、地域自給力の向上というものを一番に掲げているのです。それから、有機農業の推進、地産地消と食育の充実、遺伝子組み換え作物の自主規制、都市と農村との交流、そして担い手

〈資料〉「たかはた食と農のまちづくり条例」前文

本町は、町内のいたるところに約一万年前からの遺跡や古墳、洞窟が点在し、風光明媚なところから東北の高天原とも称されています。

本町における農業は、四季の変化に富んだ自然環境や盆地特有の気象条件、肥沃な農用地に恵まれ、米作、果樹、畜産を柱とした複合経営を中心として発展してきました。また、全国に先駆けて有機農法や減農薬栽培を取り入れ、食の安全や自然環境に配慮した循環型農業を推進してきました。

しかしながら、近年、農業を取り巻く環境は厳しく、農産物価格の低迷や生産資材の高騰が続く中で、農家戸数、担い手農家の減少に歯止めがかからず、このままでは農村活力の低下により、農用地の荒廃が危惧されます。食糧の大部分を輸入に依存している我が国にとって、地球温暖化等による異常気象や途上国の経済発展、バイオ燃料需要の拡大などにより世界の食糧供給が不安定化すれば、国内の食糧需給が逼迫することが予想され、食品の安全性確保と食糧自給率の向上は、我が国の農業の緊急課題と言えます。

私たちは、食と農の重要性と農業が持つ環境保全や国土保全、地球温暖化の抑制といった多面的役割を理解した上で、それぞれの役割をもって、これらの機能を守り、先人の築いた文化遺産や伝統とともに、後世に伝えていく義務と責任があります。

こうした視点に立ち、本町の農業を維持、発展させていくためには、規模拡大による作業効率や生産性だけを追求するのではなく、生産者と消費者とが農業に対する認識を共有し、地域の特性を活かした農業の振興を進めていくことが重要と考えます。

このため、本町の農業及び農村が持つ機能的役割の重要性や農村文化を次世代に引き継ぐとともに、地域資源の活用と町民の健康を守り、地産地消、食の安全、環境保全型農業の推進により、魅力ある農林業が息づく農商工が連携した食と農のまちづくりを目指すための指針として、この条例を制定するものです。

出典：季刊「環」Vol.40 ／ 2010winter（藤原書店）

の育成というのが骨子になっています。地域レベルでも、かなり住民の意識が高まって、住民自治の力でもって行政に提案できる面も出てきました。これは上杉鷹山の思想を汲んでいることの一つ表れかと思います。

なお、ついでに地元の「たかはた文庫」に有機農業資料センターが併設され、平成22年11月にオープンしたことを報告します。ここの木製の書棚などには、立教大学名誉教授の栗原彬先生の蔵書を主体に有機農業関係の図書、資料など約4万5０００点が収納されています。また、増築予定の2号館に栗原文庫2万5０００点が加わります。

地域にある「たかはた文庫」に併設された有機農業資料センター

木製の書棚に有機農業関係の図書、資料など約4万5000点を収納

農的自立への道～会場での質疑応答～

農を一生の仕事として選択する時代

石塚　時間がやってまいりました。会場の方で、どうしてもお二方にご質問してみたいということがありましたらどうぞ。

江口　地元のささかみ農協専務の江口です。2011年の対談をお聞きしたのですけれども、たしかその中に後継者のお話がけっこういろいろ出てきたと、お二方、後継者のお話が出ていたと思うのですけれども、今現状、お二方、後継者のほうはどのようなかたちになっているか。少し教えていただければと思います。

山下　私のところは一人息子でして、普通高校から県の農業大学校を経てアメリカで2

年間農業研修をやって、帰ってきて何をやるかと相談して、親子でミカンを増やしたのです。これが裏目に出まして、全然トンネルを抜けなくてミカンで食えなくて、今、福岡でサラリーマンをやっています。昨日からうちへ帰ってきています。私自身、家も農業もまったくやめる気はなくて、だから後継者の心配を私自身も息子もしていません。

星　高畠においても、後継者の問題というのは一番深刻な、しかし大事な課題であります。最近といっても、ここ十数年くらいの間に東京とか、大阪とかの都会を離れて移住された方が、ほぼ80名くらいおります。最初は大卒の若い人が中心だったのですが、やがて中堅サラリーマンや定年間近の方とか、層がずっと厚くなってきました。その方々が地域の担い手というかたちで入ってきたことによって、地域社会がかなり元気になってきたと思います。

しかし、肝心の農家の跡継ぎはどうなのかと言いますと、造り酒屋の後継者というのは、ほとんど東京農大の醸造学科に行きます。それだけではなくて、農学部の特に環境分野を学んだ農大出、あるいは大学の農学部出の若者たちが帰ってきまして、有機農業に一生懸命取り組んでいます。その後輩がまた続くというかたちでもって、造り酒屋の御曹司だけではなくて、地域社会にそういう広がりがもう一つ出てきています。ですから、40代、30代、20代と流れが続いてきているし、それに都会から移住された方々も加わります。つまり、必ずしも世襲の後継者でなくてもいいと思うのです。地域の担い手として、どのように受け皿をつくっていくかということが肝心なことだと思うのです。

ちなみに、私のところは私ら夫婦、長女夫婦、孫3人の7人家族です。長女夫婦はともに勤めに出ていますが、田植えや稲刈りの農繁期ともなれば、農作業を手伝ってくれます。また、2番目の孫（高校1年）が、中学のときから「将来、ぜひ農業を継ぎたい」と言っています。

先日、実は山下さんのお膝元の九州の阿蘇で開かれた「火の国九州・山口有機農業の祭典」に呼ばれました。持ち回りで、今年は熊本だったのです。400名近い参加者の中で、随分若い人が目立っていました。若者の中に、これだけ農業に対する関心が高まってきたのだなと思います。中には、原発事故で福島から移住されたという人もおりました。いずれにせよ、さまざまな動機で若い世代が自分の人生というものを考えて、農を仕事として選ぶ。一生の仕事として選択するという新たな時代を迎えているのではないかと思えてなりません。

上垣　上垣と申します。「ＴＰＰに反対する人々の運動」で壇上の山下さんと、上越の天明さんが共同代表をされておりまして、私が事務局をやっています。２０１１年末にＡＰＥＣ（アジア太平洋経済協力会議）があって、その直前に野田首相が事前協議、ＴＰＰを進める方向で行くことに参加するという、とても回りくどい言い方をしました。

それに対して、我々のほうで、日本から13人の代表団をつくってハワイのホノルルに行ってきました。そこで海外の市民団体といろいろな協議の場を持ちました。海外でもかなり反対している団体がおりまして、特に、ニュージーランド、オーストラリア、あとは、ハワイの先住民の方々。自由貿易というものが、いかに自分たちにとってダメージが大きいかということを語っておられました。そこに住む人たちにとってのメリットがないということなのですけれども、それも同じように考えている方々がいたので、国内の反対団体だけではなくて、海外の反対団体とも連携しあって国際的なかたちでつぶしていこうという動きを考えております。

星　どんどん進んできたグローバリズムというか、地球全体を一つの交易圏として全部の関税障壁を取り払って自由に経済活動をやるという、いわば資本主義といっても新自由主義的な、金融資本主義の本質を強く持った一つの流れだと思います。そして、小さな国の力よりもはるかに大きな資本力、あるいは、権力を持っているような多国籍企業に首根っこを全部押さえられてしまうという構造です。

しかし、グローバリゼーションがけっして人類史の必然でなくて、それを拒否していくことができるかどうかです。今までは、そういう世界的な流れに乗っかっていかないと生き残れないという発想にからめとられていたのですが、むしろ、その対抗軸として、地域がそれぞれに自立、共生していくようなあり方を探求していく必要があるのではないかと強く思うようになりました。いわば地域主権といいますか、それを必死になって確立していかなければいけないと思います。

今、なぜ協同の理念に立脚するのか

山下　いわゆる新自由主義の教祖、ミルトン・フリードマンという人がいました。4年くらい前に亡くなったでしょうか。あの人は、政府は何もするなという論なのです。彼に言わせると、協同とかそういうものは危険思想だと言います。個人を縛る。社会主義もあれは間違っていたとも言うのです。だから、70年で終わったではないか。今のところ、グローバリズムを止める、それを覆すような動きというのはなかなか難しいですよね。アメリカで始まって世界に広がった「反格差デモ」の1%対99%くらいしかまだできていないわけですけれども、唯一、1%に我々が対抗できるのは協同しかないと思うのです。

協同組合で、実際にそうかどうかは別にして、「一人は万民のために、万民は一人のために」というスローガンがあるのです。あれは今の時代であればみんな非常に胸にしみるのではないでしょうか。それに立脚するしかない。とにかく、自分たちの暮らしを守っていくためにやるわけですから、消費税が10%になれば、では、地域通貨で対抗する。自分の生存を脅かすものとは闘っていく。とにかく生き残らなければならないわけですから、なんとか知恵を出さなければならない。

私の村では、有機農業をやっている人はいなくて、国が進めている集落営農はゼロです。なぜゼロかというと、あれは水田転作に麦大豆をつくるときの補助金をもらうためにつくっているのです。私のところは麦も大豆もつくっていませんので、もらっていません。農政から見たら落ちこぼれなのです。農政の落ちこぼれですから、農政がどう変わろうとほとんど影響がないという感じなのです。

農業後継者がいないとかなんとか言っているけれども、これは農業対ほかとの力関係ですから、都会で失業者があふれる事態になれば帰ってきますよね。我々百姓は家族、一族の究極の安全装置として農地を守っているわけですから、これを集めるなどというのはとんでもない話です。だから、そうはならない。だから、大丈夫だと思っています。農協は組織が大きくなりすぎていろんな問題がありますが、しかし、単協はそれなりにがんばっているところがたくさんあるし、私の地元の唐津農協も問題はあるけれども、それでも、ほかの商売人よりはまだ信用があります。

星　実は、前回（第1部）も触れていますが、私が大変啓発を受けた人に一樂照雄という方がおりました。先ほど山下さんも協同のお話をされましたが、全国農協中央会で指導力を発揮し、農協界の天皇といわれて、やがて協同組合経営研究所の理事長を長らく務めます。そこでは生協と農協と漁協などの協同組合が連携をして、「協同の力を発揮していく」ということを打ち出しており、高畠町に何回も足を運んでいただきました。

今から40年近く前に、20代の若い農民たちが40名近く集まって旗揚げをしたのが有機農業研究会だったわけです。その一樂さんが発足直前にお出でになって、講演や座談会をされているときに、色紙にさらさらと書いてくださった文言があったのです。それは、〝子どもに自然を、老人に仕事を〃という短い言葉です。もう一つは、〃自立と互助〃というのがありました。

私たちが拠点としている和田民俗資料館の前庭に、〃子どもに自然を、老人に仕事を〃という揮毫を御影石に彫り込んで、一樂先生の記念碑を建てたのです。それから10年来、一樂忌、そして一樂思想を語る会を、同志に呼びかけて毎年開いています。その一樂さん

有機農業運動の拠点にしている和田民俗資料館

一樂照雄氏の記念碑。「子どもに自然を、老人に仕事を」と御影石に彫り込んである

これまで開催した一樂忌のさいの記念写真を館内に飾っている

が私どもに教えてくださった、協同組合運動の一番大事なところは、農協、生協、漁協など、いわゆる所属している協同組合の組合員の利益や幸せを達成するということは第一目標ではあっても、それにとどまっていてはいけないと。さらに、地域社会、あるいは、大きく言えば、日本や人類社会のあり方を変えていくことである、その到達点は社会的公正と平和であると、今から40年も前に言い切っておられました。この言葉は今でも強く脳裏に刻まれているのです。やはり、協同組合運動の究極の目標というのは、社会的公正と平和の実現であると常々思っています。

就農して58年、そして有機農業に取り組んで40年、今は一介の老農に過ぎませんが、百姓で良かった、と心底思っています。自然の懐《ふところ》に身を委ね、四季のめぐりに添いながら、農耕にいそしむ。大地に汗をしたたらせ、身につけた技《わざ》を施して命を育てる営みそのものに、つくるよろこびがあります。耕して種を播き、枝葉を茂らせ、花を咲かせ、実を結ばせるすべての過程に関わっていく全体性、一貫性があります。そして、天地《あめつち》の恵みをいただく収穫のよろこびがあります。その手応えこそ百姓の醍醐味だといえましょう。さらに、風雨に耐えて手にした稔りをわかち合うよろこびがあります。そこからつながっていくいのちの絆こそが、共に生きる関係の第一歩だと思えます。

自然に融合し、愚直に生き続けているうちに、農の営みはいつしか感性を豊かに養ってくれることに気づきます。そこから文化としての農の世界が開けてくるのを覚えます。その簡素な暮らしと安心立命の境地に、私は十分幸せをかみしめております。

石塚　大変ありがとうございました。震災後の地域復興、原発問題、さらに生き方としての農のスタンス、また、今まさに直面しているＴＰＰの問題等、貴重なお話をありがとうございました。これにて「北の農民　南の農民～ムラの現場から２０１２」を閉じさせていただきます。

対談「北の農民　南の農民」（2回）を企画して

１９８1年、山形県高畠町の星寛治さんと佐賀県唐津市の山下惣一さんとの一年にわたる往復書簡、『北の農民　南の農民～ムラの現場から～』が出版されました。２０１1年にちょうど30年になることから二人をお迎えし、２０１1年3月5日に新潟県阿賀野市で「北の農民　南の農民～ムラの現場から２０１１」と題して、昭和の農業を振り返り、これからの農業とどう向き合っていくのか、参加者とともに語り合いました。

お二人は農業関係者の中でも最も著名の方です。ご存じのように星寛治さんは山形県高畠町で有機農業のリーダーであり、米、野菜、りんごなどの複合経営をされています。また詩人であり評論活動も続けています。山下惣一さんは佐賀県でミカンなどを栽培するかたわら、農民作家であり、世界各地の農村を旅してルポルタージュを発表するジャーナリストです。

著書『北の農民　南の農民』は１９８０年3月14日付で山下惣一さんが星寛治さんに、唐津の春を伝えるところから便りが始まります。最終章は１９８1年2月24日付で豪雪の冬、高畠町から星寛治さんが山下惣一さんに返信するまでの、10本の往復書簡をまとめたものです。

東北(北)と九州(南)のそれぞれの風土、思想、文化、気質、暮らし、また政治のこと、農協のこと、消費者のことなど多岐にわたって論争し、語り合った記録です。日本の農村、農業の現実と向き合い、近代化農政の矛盾を浮き彫りにする中で、むしろその近代化農政に何度も裏切られ、あるいは翻弄され、怨み、怒りが往復書簡に記されています。

農業評論家の長須祥行さんはこの著書の解説に二人を、「星ロマンチシズムと山下リアリズムの対論」と評していました。今は絶版になっていることがとても残念です。

私がこの著書を初めて知ったのは、当時、酪農をしていた友人から紹介されたからでした。その友人も当時発行されていた雑誌「現代の眼」の編集長からの推薦だったと記憶しています。この著書と「現代の眼」を発行する現代評論社の社長が、私たちの郷里、紫雲寺町(現、新発田市)出身だったつながりが、『北の農民 南の農民』に出会うきっかけになったのかもしれません。

星寛治さんや山下惣一さんの著書は何度か読み返します。お二人のぶれない一貫した視座から書かれてきたことは、時がたっても新鮮です。農業政策が変わるごとに先が見えない今の時代。ロマンチストとリアリストの農業へ向き合う姿は、多くの人から共感を得ています。

『北の農民 南の農民』の往復書簡が30年前に書かれ、鋭い感性で時代を見つめるまなざしは、今にも通じています。お二人に30年前を振り返って、今、次世代にメッセージを送ってもらおうと思ったのが、今回の対談を企画するきっかけとなりました。新潟県総合生協生産者協議会やNPO法人食農ネットささかみの皆さんからの支援がなければ、開催できませんでした。

さて、30年後の「北の農民 南の農民」がムラの現場を語り合う場をどこにするか。

新潟県阿賀野市のJAささかみ（旧、笹神農協）の地で開催するのが、いちばん最適と考えました。JAささかみも近代化農政の矛盾の狭間で、首都圏コープ（現、パルシステム生協連）や新潟県総合生協と関わりをもちます。むしろ先駆的に生産者と消費者との交流や産直運動に、活路を切り開いてきました。人と人との交流をまず始めて、絆を深めモノの流れをつくっていく。さまざまな軋轢や葛藤の中で、まさに『地殻を破って』（日本の協同組合運動の先覚者である賀川豊彦著の書名）のごとく進む姿勢は、新潟の農協の中でも異端児で少数派でした。そこには、先代たちから築き上げてきた農民運動の精神が脈々と受け継がれています。その中心人物が石塚美津夫さんでした。助成を受け、農協の堆肥センター建設や営農の指導をしながら、有機農業を実践してきた方です。『北の農民 南の農民』が出版された30年後に、地元の石塚美津夫さんの司会、進行による対談が笹神（現、阿賀野市）の地で開催されることは必然と考えたのです。

石塚さんは長らく営農指導で活躍した元ＪＡ職員。今は退職し、ＮＰＯ法人食農ネットささかみの理事長であり、夢の谷ファームで農家として有機農業をしながら、夢を追い続けています。米づくりにロマンを抱く素敵な男性として、パルシステム生協連のホームページによる「田んぼのイケメン調査」でも若手農家をおさえ、トップを独走。山下惣一さんの小説に「減反神社」がありますが、石塚さんの夢の谷ファームにはイトミミズを田んぼの神とした「糸蚯蚓神社」が建立されています。

本書には、２０１１年の対談（第１部）直後に東日本大震災と原発事故が起きたこともあり、２０１２年に開催した2回目の対談（第２部）も収録しています。食料・農業・農村の役割や価値を問い直すうえで多くの示唆、教訓を得ていただければ幸いです。

新潟県総合生協　高橋　孝

農の先達の実践と発信に感謝

星さん、山下さんが『北の農民　南の農民』の往復書簡を出してから30年の月日がたったことを記念して、ぜひお二人のお話を聞いてみたい、との想いから実現した対談です。

この30年間に、米の自由化、バブルの発生とその後の経済の停滞もあって、日本や農村の状況はますます厳しくなっています。お二人が先達として農村の問題にいかに対峙し、闘ってきたかの軌跡がざっくばらんに語られています。近代化された農業、減反があたりまえの稲作しか知らない私のような人間にとってはすでに「歴史」となった過去に、農村が抱える問題の根っこが隠されていることを実感させられます。

１回目の対談の６日後に、Ｍ９の巨大地震が東日本を襲いました。何を大切にしながら歩んでいけばよいのか、惑うばかりの日々です。しかし、星さん、山下さん、さらに聞き手の石塚さんが実践し、発信している農業を知ることができる私たちは、明かりのある道を歩める幸せを感じます。原発震災、ＴＰＰと多くの問題に立ち向かっていくための大きな示唆を与えてくれる３人の先達と、この書に感謝します。

上越有機農業研究会　天明伸浩

対談「北の農民 南の農民」を終えて

最初、新潟県総合生協の高橋孝さんから「農民作家の山下惣一さんを講演会にお呼びしたので、翌日、星寛治さんをお招きし、笹神地域でシンポジウムを開催したらどうか」というお話がありました。笹神地域でやることに意義があり、しかも進行役、聞き手を引き受けてくれとのこと。あまりのビッグなお二人なので躊躇しましたが、このうえない経験だと引き受け、「ゆうきの里　振興大会」のシンポジウムとして第1回を開催しました。

当初のことですが、私がお二人を存じ上げても、お二人は自分のことを知らない。そこで、前日の新潟県総合生協主催の山下さんのご講演を拝聴し、いくらかお話ができました。シンポジウム当日の朝は雪でしたが、山形の南陽市まで星さんをお迎えに行き、車中でいろいろなお話をすることができました。10時に山下さんと合流し、JAささかみの農業施設や取り組みをご紹介。そして、第1回「北の農民 南の農民～ムラの現場から2011」のシンポジウムを開催したのです。参加者は約200名。話が尽きなく、終了予定時間を1時間ほど超過。大好評だったのです。

ところが、1週間後に3・11が勃発し、世の中が様変わりし、原発・エネルギー・TPPと再度、お二人の対談を企画しました。2回目の参加者は約150名。これまた大好評。お二人ともぶれることがまったくなく、独特の哲学を持たれ、持論を展開し、聞く人の心に響くお話の内容でした。シナリオなどお二人には必要なく、引き出しをいっぱいお持ちなので、どんどん聴講者が引きずり込まれ、2回とも時間が足りませんでした。

テーマに関するお二人の言い方はかなり違うが、よくお聞きすると言っておられることは、まったく一緒。山下さんいわく、「コインでいうと表が星さんで裏が自分、一つだからこそ表があり裏があるのだ」と。星さんいわく、「書簡でも論法でも6割方は自分が負けている」と、お互いが相手を立ててはいるが、自分はこう思うと持論はお二人とも崩さない。

だから、聞いていておもしろい。なにしろ知識が豊富。その源泉はどこなのか。創森社の相場さんから聞いたところによると、農民としてもジャーナリストとしても山下さんほど日本じゅう、世界じゅうを飛び回り、各地の農業・農村の実情を知っている人はいないとのことです。2012年の秋に相場さん、新潟県総合生協の高橋さん、そして10日間の稲刈りの手伝いに来ていた息子の浩二（次男）と連れだって高畠町の星さん宅にお伺いしました。居間に積まれた本の数々、近くのたかはた文庫（有機農業資料センター併設）に収納されたおびただしい本の多さで納得しました。お二人の知識の源泉に今さらながらおそれいった次第です。

2年連続であこがれのお二人の対談の進行役ができたことで、すばらしい時間を共有でき、自分のすばらしい財産ともなりました。しかも、2年続けてわが家（時期やケースに応じて農家民宿を開設）にお泊まりいただき、個人的にもいろいろとご教授をたまわりました。物静かにたんたんと語る星さん、ものおじするところなどみじんもなく酒が入るにつれ豪快度が増す山下さん。山下さんは無類の酒好きで午前様になっても飲み続けたこともあり、翌朝、星さんが宿酔ぎみの山下さんをいたわる姿が微笑ましい。長年の友とはこういう関係なのか、とドア越しに覗かせていただきました。

お二人とも、有言実行の人。生き方として、かくあるべしといった農のスタンスを体現されています。後期高齢者だと言い、謙遜されていますが、今後ますます我々を、そして世の中を地域、現場からの目線で正しい方向に導いていただきたいと思います。

NPO法人 食農ネットささかみ　石塚美津夫

あとがき

星　寛治

『北の農民　南の農民』発刊から30年、再び対談というかたちで存分に意見を交わす機会に恵まれたことをうれしく思います。

その間、世の中は激しく変わり、地球温暖化に伴う気象変動は、農の現場に予期せぬ困難をもたらし続けています。生態系の変容も、とどまるところを知りません。一方で、科学技術の進歩に導かれる産業社会が、人々に物の豊かさと便利で快適な暮らしをもたらし、科学する力で自然さえも征服できるような幻想を抱かせたのでした。

しかし、千年に一度といわれる東日本大震災が勃発し、直後に東電福島第一原発の重大事故が起きました。その未曾有の災禍と受苦の広がりは、私などが言及できるものではありません。あの茫然自失の時空は、被災者だけでなく、日本人全体の、さらには多くの地球市民の共有するものとなりました。その衝撃波を内面深く受け止めた人ほど、これまでの価値観を変え、文明を転換させなければと思ったのです。何よりも自然に対する畏敬の念をとり戻し、他とともに、あたりまえに、つつましやかに生きたいと願ったのでした。

けれども3・11から2年たった今日、被災地の復興は未だ道遠く、原発事故の収束や、除染・廃棄物の処理すら目途が立たぬままです。そんな状況下で行われた師走選挙で自民党が圧勝し、政界地図が劇的に変わりました。自公で構成する安倍政権は、脱原発を見直す意向を示し、またデフレ脱却と経済成長を錦の御旗に、TPP加盟をほのめかしています。さらには、尖閣諸島をめぐる中国との対立や、北朝鮮の核の脅威、そしてアルジェにおけるテロの受難も加わって、憲法改正と軍拡の流れが加速する気配です。

山下さんや私が、60年近く生きてきた農業・農村も、激しく構造的に変えられる瀬戸際にあると思えます。2回の対談で、それぞれの軌跡をたどりながら、その時代的背景を見つめてきたのですが、経営の変革や村づくりに挑んでも、外側からの荒波に足元を掬《すく》われる場面が何度もありました。けれど、時の農政や社会変動にほんろうされながらも、たくましく、したたかに生きぬいてきた農民も、少なからずおりました。私自身も幾つもの山坂をのり越えてきたという思いはあるのですが、これから直面するのは生死を分ける分岐点でありましょう。

グローバリズムの市場競争に丸腰で身を投じ、夢よもう一度と経済成長をめざす政策の下で、農業・農村に寄せる津波は、私たちの予測をはるかに超えたものになるかもしれません。山下さんご指摘のように、個別経営では規模拡大を促し、併せて集落営農や法人化を推進し、攻めの農業を志向せよという掛け声が高まるでしょう。当然のことのように、個人格差と地域間格差が開いていくことになるわけです。鳥の目で見れば、やがて選ばれた少数の企業的農業経営体と、多数の生業農家群に二分するように思われます。

けれど、自給をベースにした家族農業や、暮らしと生きがいを充足する兼業農家群は、政策のいかんにかかわらず滅びることはないでしょう。その究極のカタチが、山下さんの説く「市民皆農」のあり方です。その一歩手前のところで、地域論の視点から、もう一つの可能性を示すのが、石塚美津夫さんの笹神モデルです。地域風土と歴史性を100%活かし、住民の主体性と協同の力をいかんなく発揮して、全体向上を遂げていく筋道です。いのちと環境を最優先した農業と、地場産業を振興し、雇用を確保しながら福祉や文化の土壌を耕していいます。しかも、組織や施設もけっして背伸びせず、等身大の技術をもって実践し、めざましい成果を上げているのです。

そうした地域主権を発揚できる背景には、首都圏や地方都市の有力な生協の厚い支援と協同組合間提携があります。そこには長年積み上げた人間交流によって培われた信頼感が脈打っています。笹神の温かい空気に包まれて、私は農の輝きを見る思いでした。

3・11後の地域づくりを考えるとき、何より農林漁業の再生とともに、エネルギーの自給が不可欠だと思えます。巨大技術や集権システムに頼らずに、地域にある再生可能な自然エネルギーを活かす地産地消の取り組みです。卒原発を掲げる山形県でも、小水力発電や、風力、太陽光、バイオマス、雪冷房など、眠れる資源を活用する取り組みが各地で始まっております。

妻キヨさんたちの米の収穫を手伝う孫の航希くん（小学校高学年）。農業を継ぐことを希望している

そうした選択は、必ずしも新たな成長戦略に直結するというよりは、むしろライフスタイルの転換軸として捉えるべきだと思います。脱原発から脱成長の社会発展に続く道程です。そういう視座から見ると、農業は大きな雇用の場として浮上してきます。法人や共同体に就業するだけでなく、小さな規模であっても仕事を自ら創り出す機会にみちています。たとえば、在来野菜を発掘、継承し、地域の食文化や伝統を活かしながら、若者が斬新なアイディアを具現化する取り組みがあります。そこでは、地域社会の高齢化は、必ずしも負の要素ばかりでは

ありません。そこには長い人生で蓄積した知恵と技がぎっしり詰まっているからです。また高畠町の小中学校の学校農園で、36年間続いてきた「耕す教育」の先生は、地域のおじいさん、おばあさんです。一世代飛び越して、孫の世代にいのちを育てることの意味を伝える姿は、まさしく文化の伝承といえましょう。

このところ私は、国民総幸福量（GNH）を国是とするブータンの国づくりに関心を抱いていています。新潟市や熊本市と同じくらいの人口75万人のヒマラヤの小国に、今なぜ世界の視線が集まるのでしょうか。幾つかのルポに接し、少しく腑に落ちたところがありました。その核心のところに、経済成長による近代化を志向せず、環境立国を貫くことで国民の幸せを実現するという不動の理念があることです。

すでに1970年代に、先代国王が、中国とインドの大国の狭間《はざま》で生き残る道は、非暴力と平和・中立を貫き通す以外にないと決意したところから高い倫理観を伴った国づくりが始まったとされています。その根源にあるのは非殺生の仏教哲学だと思われますが、近現代史のルーツをたどると、ダライ・ラマやガンジーの思想に行き着くことを知りました。

ところが人類社会は、21世紀に入っても人間の悲しい性《さが》を止揚できず、目には目をの暴力の応酬をくり返しています。そして途上国まで軍拡から核武装へとエスカレートし、破

望むのは、つつましくも心豊かな田園の幸せ。そのために「都市圏と双方向の自立と互助のかたちが必要」と星さん

滅への道を突き進むかのようです。その先に未来は見えません。ここでもう一度立ち止まって、ブータンの英知に学び、まず地域レベルであっても、生きとし生ける生命を何より大切にするありようを確立する他はありません。農が内包する根源的な平和主義こそ、その砦です。

私たちが望むのは、つつましくも心豊かな「田園の幸せ」です。けれどもその願いは地域住民の力量だけでかなうことは難しく、長く交流を重ねてきた都市住民との共働の力をもって成就する他はありません。一方、都市圏が震災などの危機に見舞われた際には、避難の場と食料を確保するなど、双方向の自立と互助のかたちを構築することが求められます。それぞれの固有の体験に基づくシナリオのないこの対談集から、危機の時代を生きぬく小さなヒントと、希望を汲み取っていただけたら、これに過ぐる幸せはありません。

本書の発刊にあたり、新潟県総合生協の高橋孝さんをはじめとする関係者の方々、さらに創森社の相場博也さん他編集関係の皆様に厚くお礼を申し上げます。

・M E M O・

●**石塚美津夫**（いしづか みつお） ＊対談聞き手・進行

1953年、新潟県阿賀野市生まれ。ＪＡささかみの営農指導員を経て、現在、冬期湛水田の有機稲作、自然卵養鶏、ヤギ飼育などに取り組む。農家民宿オリザ ささかみ自然塾代表、NPO法人食農ネットささかみ理事長などを務める

有機米をはざ架け（山形県高畠町）

デザイン――寺田有恒　ビレッジ・ハウス
カバー絵――原 美穂
カット――ウノ・カマキリ
写真協力――田嶋雅巳　星 寛治　山下惣一
阿部孝夫（川西町フレンドリープラザ）
食農ネットささかみ　ＪＣ総研　中村易世
協力――パルシステム生協連合会　ＪＡささかみ
新潟県総合生協　新潟県総合生協生産者協議会
たかはた文庫　和田民俗資料館
石塚美津夫　高橋 孝
校正――吉田 仁

著者プロフィール

●星　寛治（ほし かんじ）

1935年、山形県高畠町生まれ。稲作、果樹（リンゴ）などの農業に従事。高畠町有機農業研究会を設立し、各地の消費者と提携。高畠町教育委員長、東京農業大学客員教授などを歴任。現在、たかはた共生塾顧問、日本有機農業研究会幹事。著書に『詩集　種を播く人』（世織書房）、『農からの発想』（ダイヤモンド社）、『有機農業の力』（創森社）、『農から明日を読む』（集英社）ほか

●山下惣一（やました そういち）

1936年、佐賀県唐津市生まれ。稲作、果樹（柑橘）などの農業に従事。国内外の農の現場を精力的に探訪するかたわら、早くから地元の農産物直売所開設を後押し。生活者大学校教頭、農と自然の研究所理事などを歴任。現在、アジア農民交流センター（ＡＦＥＣ）共同代表。著書に『土と日本人』（ＮＨＫ出版）、『農から見た日本』（清流出版）、『身土不二の探究』『市民皆農』（ともに創森社）ほか

農《のう》は輝《かがや》ける

2013年３月15日　第１刷発行

著　　者――星《ほし》 寛治《かんじ》　山下惣一《やましたそういち》

発 行 者――相場博也

発 行 所――株式会社 創森社

〒162-0805 東京都新宿区矢来町96-4

TEL 03-5228-2270　FAX 03-5228-2410

http://www.soshinsha-pub.com

振替00160-7-770406

組　　版――株式会社 新潟印刷（付物・有限会社 天龍社）

印刷製本――中央精版印刷株式会社

Printed in Japan ISBN978-4-88340-279-3 C0061